气体质量流量计计量技术

裴全斌 徐 明 周 雷 韩 涛 等编著

石油工业出版社

内 容 提 要

本书从计量基础理论入手，系统阐释了气体质量流量计的工作原理、设计与制造、性能测试，以及型式评价、检定和校准等方面的内容，为气体质量流量计计量技术的研究与应用提供理论与实践指导。

本书适用于气体流量测量、过程控制、能源管理等领域的工程技术人员，以及高等院校相关专业的师生阅读。

图书在版编目（CIP）数据

气体质量流量计计量技术／裴全斌等编著. -- 北京：石油工业出版社, 2024.5. -- ISBN 978-7-5183-6836-5

Ⅰ. TB937

中国国家版本馆 CIP 数据核字第 20245P6S43 号

出版发行：石油工业出版社
（北京市朝阳区安华里二区 1 号楼　100011）
网　　址：www.petropub.com
编辑部：（010）64523687　图书营销中心：（010）64523633
经　　销：全国新华书店
印　　刷：北京中石油彩色印刷有限责任公司

2024 年 5 月第 1 版　2024 年 5 月第 1 次印刷
787×1092 毫米　开本：1/16　印张：12.25
字数：200 千字

定价：60.00 元
（如出现印装质量问题，我社图书营销中心负责调换）
版权所有，翻印必究

《气体质量流量计计量技术》
编 写 组

组　长　裴全斌
副组长　徐　明　周　雷　韩　涛
成　员　裴勇涛　青　青　吴世杰　薛永鑫
　　　　　侯　阳　陈正文　钱昊铖　梅松政
　　　　　刘博韬　闫海明　冯　波　王晓光
　　　　　吴红梅　游经明　陈　颖　周长松
　　　　　杨　阔　王柯栩　彭　娇　陈曦宇
　　　　　刘　杰

前　言

随着工业化进程的加速和科技的不断进步，气体流量计量在工业生产、能源管理、环境保护等领域发挥着日益重要的作用。准确、可靠的气体流量计量对于提高生产效率、降低能源消耗、保障产品质量，以及保护环境具有重要意义。然而，由于气体的特殊性质，如压缩性、热膨胀性等，使得气体流量计量的准确性和稳定性面临诸多挑战。

本书从计量基础理论入手，系统阐述了气体质量流量计的工作原理、设计与制造、性能测试，以及型式评价、检定和校准等方面的内容，为气体质量流量计计量技术的研究与应用提供理论与实践指导。

本书共分为6章。第1章计量基础知识概述了计量学的基本概念、计量器具的分类和选用原则。第2章至第6章分别围绕质量流量计的工作原理、设计制造、性能测试、型式评价及检定校准等方面进行了详细阐述。其中，第2章质量流量计基础知识深入分析了质量流量计的工作原理和功能组成；第3章质量流量计的设计及制造详细讨论了测量管选型、传感器主体设计、信号检测位置确定等关键技术环节；第4章质量流量计的性能测试通过介绍水标测试、气体测试等不同测试方法，展示了质量流量计的性能评估手段；第5章气体流量标准装置描述了气体流量标准装置的分类、特点及应用场景；第6章质量流量计的型式评价、检定和校准介绍了质量流量计的型式评价项目和检定校准方法。

本书适用于气体流量测量、过程控制、能源管理等领域的工程技术人员，以及高等院校相关专业的师生阅读。希望本书能帮助读者深入理解气体质量流量计计量技术特点和应用要求，提高气体质量流量计量的准确性和可靠性。

由于笔者水平有限，书中难免存在不足之处，敬请广大读者批评指正。

目 录

1 计量基础知识 …………………………………………………………… 1
  1.1 测量与计量 ……………………………………………………… 2
    1.1.1 测量 ………………………………………………………… 2
    1.1.2 计量 ………………………………………………………… 2
  1.2 计量器具 ………………………………………………………… 3
    1.2.1 实物量具 …………………………………………………… 4
    1.2.2 计量仪器(仪表) …………………………………………… 5
    1.2.3 计量装置 …………………………………………………… 6
    1.2.4 计量基准(标准) …………………………………………… 6
    1.2.5 国际基准(标准) …………………………………………… 7
    1.2.6 国家基准(标准) …………………………………………… 7
    1.2.7 副基准 ……………………………………………………… 8
    1.2.8 工作基准 …………………………………………………… 8
    1.2.9 工作标准 …………………………………………………… 9
    1.2.10 有证标准物质 ……………………………………………… 10
    1.2.11 工作计量器具 ……………………………………………… 11
  1.3 流量测量仪器 …………………………………………………… 11
    1.3.1 差压式流量计 ……………………………………………… 12
    1.3.2 容积式流量计 ……………………………………………… 15
    1.3.3 超声流量计 ………………………………………………… 18

1.3.4　速度式叶轮流量计 ……………………………………………………… 22
　　1.3.5　绕流式流量计 ………………………………………………………… 23
　　1.3.6　电磁流量计 …………………………………………………………… 24
　　1.3.7　冲量式流量计 ………………………………………………………… 24
　　1.3.8　科里奥利质量流量计 …………………………………………………… 25
1.4　量和单位 …………………………………………………………………………… 28
　　1.4.1　量 ……………………………………………………………………… 28
　　1.4.2　单位制 …………………………………………………………………… 29
　　1.4.3　国际单位制 ……………………………………………………………… 29
　　1.4.4　我国的法定计量单位 …………………………………………………… 32
　　1.4.5　法定计量单位使用方法和规则 ………………………………………… 32
1.5　有效数字与数值修约 ……………………………………………………………… 34
　　1.5.1　近似数 …………………………………………………………………… 34
　　1.5.2　有效数字 ………………………………………………………………… 35
　　1.5.3　数值修约 ………………………………………………………………… 35

2　质量流量计基础知识 …………………………………………………………… 37
2.1　质量流量计工作原理 ……………………………………………………………… 38
2.2　质量流量间接式测量方法及仪器 ………………………………………………… 39
　　2.2.1　测量 ρq_v^2 的流量计与密度计的组合 …………………………………… 40
　　2.2.2　测量 q_v 的流量计与密度计的组合 ……………………………………… 41
　　2.2.3　测量 ρq_v^2 的流量计与测量 q_v 的流量计组合 ………………………… 41
　　2.2.4　补偿式质量流量计 ……………………………………………………… 42
2.3　质量流量直接式测量方法及仪器 ………………………………………………… 45
　　2.3.1　量热式质量流量计 ……………………………………………………… 45
　　2.3.2　冲量式质量流量计 ……………………………………………………… 53
　　2.3.3　差压式质量流量计 ……………………………………………………… 56
　　2.3.4　双涡轮式质量流量计 …………………………………………………… 61
　　2.3.5　科里奥利质量流量计 …………………………………………………… 63

3 质量流量计的设计及制造 … 67
3.1 机械模块设计 … 68
3.1.1 测量管选型 … 68
3.1.2 测量管组件设计 … 70
3.1.3 传感器主体设计 … 74
3.1.4 传感器罩壳设计 … 75
3.1.5 变送器壳体设计 … 76
3.2 软件模块设计 … 78
3.2.1 软件总体结构框图 … 78
3.2.2 重点模块功能设计思路 … 80
3.3 质量流量计制造 … 89
3.4 零点和零点稳定度 … 91
3.5 工作介质 … 93
3.5.1 测量气体流量 … 94
3.5.2 测量含有气体的液体 … 94
3.5.3 测量含有固体的液体 … 95
3.6 工作环境 … 96
3.6.1 温度影响 … 96
3.6.2 压力影响 … 97
3.6.3 密度影响 … 97
3.6.4 黏度影响 … 98
3.7 工作压力范围 … 99
3.8 流量计的压损 … 100
3.8.1 计算压损的方法 … 101
3.8.2 降低压损的措施 … 102

4 质量流量计的性能测试 … 103
4.1 概述 … 104
4.2 质量流量计的计量性能 … 105

4.3 质量流量计水标测试 … 107
4.3.1 水标测试试验装置的组成 … 113
4.3.2 水标测试试验装置的类型 … 114
4.4 质量流量计气体测试 … 115
4.4.1 气体表法 … 119
4.4.2 气体容积法 … 119
4.4.3 置换法 … 120
4.4.4 风洞测速法 … 121
4.4.5 音速喷嘴法 … 122

5 气体流量标准装置 … 125
5.1 概述 … 126
5.1.1 量值传递 … 126
5.1.2 溯源性 … 127
5.1.3 流量量值的统一及量值传递 … 128
5.1.4 气体和气体装置特点 … 128
5.2 高压标准装置 … 131
5.3 工作级标准装置 … 134
5.3.1 标准装置的主要特征 … 135
5.3.2 标准装置的使用流程 … 135
5.3.3 维护和再校准 … 136
5.4 移动标准装置 … 136

6 质量流量计的型式评价、检定和校准 … 139
6.1 型式评价及型式批准 … 140
6.1.1 法制管理要求 … 140
6.1.2 计量要求 … 141
6.1.3 通用技术要求 … 141
6.1.4 型式评价项目 … 143
6.1.5 型式评价项目的条件和方法 … 144

6.1.6 型式评价结果的判定 ……………………………………………… 155
 6.2 质量流量计检定的基本内容 ………………………………………… 155
 6.3 质量流量计检定方法 …………………………………………………… 158
  6.3.1 液体质量流量计 …………………………………………………… 159
  6.3.2 气体质量流量检定方法 …………………………………………… 167
  6.3.3 科氏质量流量计的检定 …………………………………………… 172
 6.4 测量不确定度估算 ……………………………………………………… 173
  6.4.1 测量误差与数据处理 ……………………………………………… 173
  6.4.2 测量不确定度 ……………………………………………………… 174
  6.4.3 测量结果的处理和报告 …………………………………………… 179

参考文献 …………………………………………………………………………… 184

1 计量基础知识

本章主要介绍了计量相关基础知识。内容涵盖了测量与计量的区别、计量器具的分类与选用原则，以及计量学的统一性、准确性和法制性特征。同时，详细阐述了国际单位制及其发展历史，并与我国的法定计量单位体系进行了对比分析。

1.1 测量与计量

1.1.1 测量

测量，作为一组旨在确定量值的操作，其定义涵盖两个主要方面。首先，测量可以包括极为复杂的物理实验，如激光频率的绝对测量或地球至月球的距离测量，同时也可能涉及相对简单的操作，例如称体重或量体温。这些操作有时可以自动进行，从而提高测量的效率和精确度。

其次，测量的目的在于确定被测对象的量值，而不受量限和准确度的特定要求限制。这意味着测量的定义具有广泛的适用性，适用于各个科学技术领域。测量不仅仅是科学实验中常见的步骤，也贯穿于日常生活中的各个方面，为研究人员提供了对物理现象和属性进行客观评估的手段。

因此，测量不仅是科学研究中不可或缺的步骤，同时也是社会生活中为了获取准确信息而进行的基本活动。这种广泛的适用性使得测量在各个领域都发挥着关键作用，推动着科技和社会的不断发展。

1.1.2 计量

计量是有特定目的的活动，即为实现单位统一和量值准确可靠。因此，与一般测量相比，它有更严格的如下要求：

（1）一般应采用法定计量单位；

（2）必须使用检定合格的计量器具；

（3）取得的量值可以溯源到计量基准；

（4）操作者一般应受过培训。

计量必须具有三个最基本的特征：统一性、准确性、法制性。

（1）统一性：在统一计量单位基础上，不同时间、不同地点、不同方法、不同计量器具、不同人进行同一测量，只要符合有关要求，其测量结果就应在给定区间一致，可以重复、再现、比较。

（2）准确性：是测量结果与被测量真值的一致程度，即准确程度。

（3）法制性：来源于市场的社会性，有由政府主导建立起来的法制保障。

1.2　计量器具

计量器具是指单独或连同辅助设备一起使用的器具，用于进行测量。与其他技术工具和设备相比，计量器具的主要区别在于其预定用途。为了确保测量并满足预定要求，计量器具必须具备符合一定规范的计量学特性。这主要包括能够以规定的准确度复现、保存和传递计量单位量值的能力。

一些计量器具可以独立地完成特定的测量任务，例如直尺、体温计、电压表等。另一些计量器具，如砝码、热电偶、电流互感器等，则需要与其他计量器具和(或)辅助设备一起使用才能完成测量。

对计量器具的分类可以从多个角度进行。根据计量学用途或在统一单位量值中的作用，可以分为计量基准和工作计量器具。按照结构、功能的完备程度，可分为实物量具、计量仪器和计量装置。此外，还可以根据自动化程度、标准化水平、特定用途、准确度等级等特征进行分类。

通过对计量器具的细致分类，可以更好地理解其在不同领域和应用中的角色，为确保测量结果的可靠性和准确性提供有效的指导。这种分类体系有助于科学地组织和管理计量器具的使用，促进测量领域的发展和标准化。由于计量器具的广泛应用，对其分类具有重要意义。

应当注意，计量器具在按其计量学用途分类时，国际通行的分类方法是分为计量基准(或称计量标准)和普通计量器具。后者与我国所称工作计量器具含义相同；而我国分类中的计量基准和计量标准，按国际分类方法则属于同一类，都叫作基准(或标准)。图1.1为计量关系图。

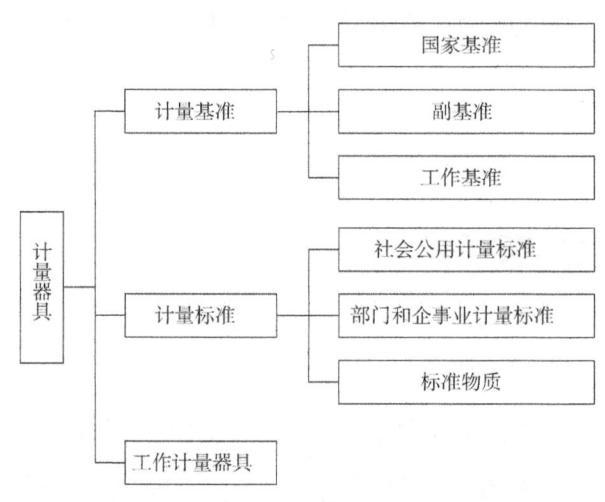

图1.1　计量关系图

1.2.1　实物量具

使用时以固定形态复现或提供给定量的一个或多个已知量值的器具。这使得它与其他计量器具有明显的区别。以砝码为例，它是一种实物量具，因为它能够提供已知的质量值，用于校准或测量其他质量计量仪器。相比之下，玻璃水银温度计并不是实物量具，因为它本身无法提供已知的温度值给其他温度计量仪器进行测量。

实物量具按其能复现一个或多个已知量值，可分为单值量具，如量块、标准电池；以及多值量具，如线纹尺、电阻箱。所谓成组或成套量具，如砝码组、量块组，则是由若干不同标称单值量具组成的多值量具。还应指出，实物量具不一定是结构简单的器具，如作为频率量具的晶体振荡器，以及标准电压源、电流源等。

实物量具的主要特性是具备能够复现或提供某个量的已知量值的能力。在定义中的"已知量值"应理解为其包括的计量单位、数值及不确定度均为已知。此外，"具有固定形态"则意味着实物量具在使用时能够保持恒定的物理和化学状态，以确保其能够确定地复现并保持已知量值。

通过这样的分类和说明，能更全面地理解实物量具的特性和分类，以及其在测量领域中的重要作用。

1.2.2　计量仪器（仪表）

计量仪器，又称仪表，是指将被测量值转换成可直接观察的示值或等效信息的计量器具。

计量仪器的主要特征是能将被测量值（或经过变换的等效信息）与已知量值（或经过变换的等效信息）进行比较，并将比较的结果转换成示值或等效信息输出。例如：天平是将被测质量与由砝码提供的已知质量，相对于天平摆动轴形成的两个力矩（等效信息）进行比较；直流电位差计是将被测电压与放大（或缩小）了若干倍的标准电池的电动势进行比较；玻璃水银温度计将被测温度与已知温度所产生的两个水银柱高度（等效信息）进行比较等。

应当指出，与实物量具不同，计量仪器本身并不复现或提供已知量值。上面提到的已知量值，有的是由实物量具（砝码、标准电池）提供的，有的则是计量仪器（玻璃水银温度计）将其在分度、校准或检定时作为它的已知量值信息"存储"下来的。

1.2.3　计量装置

计量装置是指用于测量、记录和监控物理量(如电能、水量、气体流量等)的设备或系统，通常由传感器、显示单元及数据传输模块组成，其核心功能是实现对被测对象的精准量化，广泛应用于工业控制、能源管理、贸易结算等领域(如电表、水表、热量表等)。

1.2.4　计量基准（标准）

计量中的基准(标准)是一种关键的参考工具，用于定义、实现、保存或复现量的单位或一个或多个量值。这些标准可以是各种形式的实物量具、精密的计量仪器、特定的参考物质或完备的测量系统。在科学、工程和各个领域的测量实践中，这些基准扮演着至关重要的角色。

实物量具作为基准的一种形式，通常具有已知的物理性质，例如长度、质量或时间的特定数值。计量仪器也可以作为基准，通过其精密的设计和校准，用于确保测量结果的准确性和可靠性。此外，参考物质作为基准，通过其已知的化学或物理性质，为分析和测量提供了可靠的比较标准。而完备的测量系统则是一系列相互关联的仪器和程序，共同构成一个全面的基准，以确保测量的一致性和可追溯性。

通过使用这些基准，能够建立起一个稳固的计量体系，为不同领域的测量提供标准化的框架，推动科学研究和技术创新。这强调了基准在保证测量结果可信度和可比性方面的重要性，为各行业的准确测量和可靠数据提供了坚实的基础。

1.2.5　国际基准（标准）

国际基准(标准)是由国际协议认可的测量标准，它在国际上扮演着至关重要的角色，作为有关量的其他测量标准定值的权威依据。这些国际基准不仅仅是简单的技术规范，更是通过国际合作和一致性所确立的可信赖的测量框架。

这些标准的国际承认意味着它们已被广泛接受，并在全球范围内得到了共识。这不仅有助于促进国际贸易和合作，还为各国和地区提供了一个共同的语言和基准，以确保测量结果的一致性和可比性。

国际基准(标准)的重要性在于它们不仅仅是科学和技术领域的参考点，还在法律和贸易协定中发挥着关键作用。通过这些基准，国际社会得以建立起一个共同的测量体系，为不同国家和地区的测量活动提供了稳固的基础，有助于推动全球科学研究和工程创新。

1.2.6　国家基准（标准）

国家基准(标准)是经国家决定承认的测量标准，在一个国家内作为对有关量的其他测量标准定值的依据。

国家基准(标准)在国家决定承认的基础上，成为一个国家内关于测量标准的权威指南。这些基准的显著特性包括相对于同一计量单位的其他基准而言，其能够以国内最高的准确度复现和(或)保存给定的计量单位。这意味着国家基准通常是通过运用最新科学技术成就研制而成的、在国内独一无二的计量器具。

在特定计量领域中，所有的计量器具都必须直接或间接地依据国家基准进行校准或检定，以确保使用这些计量器具进行的一切测量都能够追溯到国家基准所复现或保存的计量单位量值。这一过程不仅确保了测量结果的准确性和可靠性,而且使这些结果具有实际的可比性。因此,国家基准(标准)在维护国家计量体系的一致性和质量上扮演着至关重要的角色。

1.2.7 副基准

副基准是通过与国家基准比对或校准来确定其量值,并经国家鉴定、批准的计量器具。其主要作用在于向工作基准传递单位量值,充当国家基准的可靠补充。建立副基准的核心目的之一是为了保护国家基准,因为多次直接使用国家基准可能过早地损坏其原有的计量特性。

此外,副基准还具有在必要时代替国家基准的功能,以确保在特殊情况下也能够进行可靠的测量。通过国家鉴定和批准,副基准的准确性和可信度得到了认可,使其成为国家基准的有效补充。在实际应用中,根据需要建立副基准是一种灵活而有效的方式,可以在维护国家计量体系的同时,确保测量过程的持续准确性。然而,如果实际情况没有上述需求,也可以不必建立副基准。

1.2.8 工作基准

工作基准是通过与国家基准或副基准比对或校准,用以检定计量标准的计量器具。除了在计量标准的校准过程中应用,有时也用工作基准来检定高准确度的工作计量器具,确保它们在实际工作中能够提供可靠的测量结果。建立工作基准的关键目的在于有利于国家基准和副基准保持其原有的计量特性,从而维持整个计量体系的准确性和稳定性。

工作基准的数量相对较大,与国家基准、副基准不同,它们不仅保存在国家级计量技术机构中,还分布在省级政府或中央某些部门的计量检定机构中,甚至根据需要某些企业中也可以拥有。这种广泛分布有助于更灵活地满足各个层级和领域的计量需求,同时为不同行业提供了更便捷的计量检定服务。

值得注意的是，在对工作基准的解释中存在两个与国际流行解释的不同点。首先，在我国，工作基准与副基准被完全视为两个独立的概念，而国际上将工作基准视为副基准(次级基准)之一。其次，在单位量值传递链中，按照国际上的解释，工作基准(或称工作标准)是日常用来校准或检定计量器具的基准(或称标准)。而在我国，工作基准主要用于检定计量标准，而计量标准则是用于日常的校准和检定。

这种区别体现了我国在计量体系管理和标准化方面的特殊实践，通过灵活运用工作基准，确保各个层级和领域的计量工作能够更好地服务于科学、工业和社会的发展。

1.2.9 工作标准

工作标准是根据国家计量检定系统表规定的准确度等级制定的，主要用于检定较低等级的计量标准或工作计量器具。这类计量器具在计量器具的分类中是我国与苏联等少数国家独有的一类。在我国，日常的校准、检定工作都不可或缺地依赖于计量标准，因此其数量庞大。这些计量标准按照需要通常分为不同准确度等级，如一等、二等。有些工作计量器具可能具有比计量标准更高的准确度，但按规定通常不能直接用作计量标准进行检定，而只能用于预定的测量目的。其中，计量标准中还包括一类特殊的类型，即有证标准物质。

我国的计量法对计量标准的建立、考核、批准、使用和检定制定了一系列严格的规定。特别值得注意的是，各级政府计量部门建立的"社会公用计量标准"和部门、企业、事业单位建立的"最高计量标准"在法律上被规定为实施强制检定的对象。

在国际上，有一个广泛使用而我国基本上不使用的术语，即参考标准(或参考基准)。其含义是通常具有在给定地点(或机构)所能得到的最高计量学特性的标准器，该地点进行的有关测量均从它导出。虽然在法制方面存在一些差异，但我国的"最高计量标准"在许多情况下可以与国际上的"参考标准"相媲美。同样地，我国的"社会公用计量标准"在大多数情况下也与"参考标准"相当。

通过这些措施，我国在计量领域建立了一套严格规范的体系，以确保计量工作的准确性和可靠性，同时与国际标准保持一定的对应关系。

1.2.10 有证标准物质

有证标准物质（CRM）是一种具有一种或多种准确度的特性值的物质，其主要用途包括校准计量器具、评价测量方法或给材料赋值。这些物质或材料附有经批准的鉴定机构颁发的证书，以证明其准确度和可信度。CRM 在计量领域的应用日益广泛，尤其在化学测量领域得到了广泛采用。

CRM 通常以实物的形式存在，作为计量标准用于校准工作。这种做法有助于避免大型、贵重计量器具的送检，同时在实施计量保证方案（MAP）和实验室认证工作中提供了便利。此外，CRM 还常被用于评价分析和测量方法，以及确定材料的某些特性参数的定值。

标准物质根据其性质可以分为两大类：物理、化学特性标准物质，如石英相对介电常数标准物质和高纯苯甲酸标准物质；化学成分标准物质，如碳素钢标准物质。

在我国，CRM 进一步被分为一级和二级，根据其在传递单位量值中的作用。一级 CRM 通常根据公认的定义测量法定值，用于评价标准方法，控制二级 CRM 的研制和生产，以及校准重要计量器具。而二级 CRM 主要用于研究和评价现场应用的分析和测量方法，以及校准一般的计量器具。这种分类体系有助于确保在不同应用场景中 CRM 的准确性和可靠性。

1.2.11 工作计量器具

工作计量器具,即用于现场测量而不用于检定工作的计量器具。作为广泛应用于现场测量的一类计量器具,在数量上占据了计量器具总数的绝大部分。各个国民经济和科学技术领域都大量采用工作计量器具,以满足多样化的测量需求。与计量基准、标准相比,工作计量器具在计量学上具有不同的用途。其主要功能是进行测量,而按规定不得作为检定其他计量器具的标准,尽管有时其准确度可能超过某些计量标准。

为了确保测量结果的准确可靠,通常需要对工作计量器具进行定期或及时的检定或校准。这一步骤有助于维持工作计量器具的精确度,并确保其在各种实际应用中提供准确的测量数据。国际上,工作计量器具通常被称为普通计量器具,反映了它们在广泛应用领域中的普及程度。通过这些工作计量器具,各个行业能够满足其独特的测量要求,促进科技和经济的发展。

1.3 流量测量仪器

流量计,作为用于测量流体流量的器具,在工业和科学领域发挥着重要的作用。流量计根据其测量对象的特性可以分为瞬时流量计和累积式流量计。随着流量测量仪表和测量技术的不断进步,现代流量计通常具备同时测量流体瞬时流量和积算流体总量的功能,因此,人们常将瞬时流量计和累积式流量计统称为流量计。

流量计的种类多种多样,其分类方法也因应用场景而异。一般而言,根据流量计的工作原理进行分类是一种常见的方法。在同一原理下,流量计的结构可能存在差异,主要表现在测量机构的设计上。按照这种分类方法,流量计可以大致分为差压式流量计、容积式流量计、超声流量计、科里奥利质量流量计等。

差压式流量计通过测量流体在管道中产生的压差来计算流量,容积式流量计则是通过测量流体通过仪表的体积变化来实现流量测量,超声流量计利用超声波在流体中的传播速度来计算流量,而科里奥利质量流量计则通过测量流体在传感器中的质量变化来进行流量测量。

因此,流量计的多样性和广泛应用使得其在不同工业和科学领域中都能满足特定的测量需求,促进了流体流量测量技术的不断创新和发展。

1.3.1 差压式流量计

差压式流量计(Differential Pressure Flowmeter,DPF),又被称为节流式流量计或压差式流量计,以流体流动的节流原理为基础,通过测量流体通过节流装置时产生的压力差来对流量参数进行测量。节流装置可以包括安装在管道中的节流件或动压测定装置(例如皮托管、均速管等)。这种测量方法是通过反映流体流过时产生的压力差来确定流量的大小,因而被统称为差压式流量计。

这类流量计的敏感元件通常采用弹性元件。由于流量与压差的平方根成正比,因此,这种类型的流量计通常配备开平方装置,以实现流量刻度的线性化。此外,许多仪表还设有流量积算装置,用于显示运行期间的累积流量,从而方便进行经济核算。

差压式流量计的应用历史悠久,技术相对成熟。在全球范围内,约有70%的流量测量应用选择这种方式。特别是在发电厂,用于主蒸汽、给水、凝结水等的流量测量,差压式流量计被广泛采用。

总体而言,差压式流量计是目前工业中使用范围最广、技术最成熟的流量计类型之一。其稳定性和可靠性使得它在多种应用场景中都得到了广泛的认可和采用。

1.3.1.1 基本原理

在充满流体的管道中固定放置一个节流装置,即横截面积相比液体流管道截面积较小的装置,当流体流经此节流件,就会在节流装置附近造成流体局部收缩,此时此处静压力降低,流速增加,导致在固定节流装置的前后产生静压差。流体流量越大,产生的压差越大,这样可依据压差来衡量流量的大小。这种测量方法是以流动连续性方程(质量守恒定律)和伯努利方程(能量守恒定律)为基础的。

实践证明,节流件前后的压差信号 Δp 与流量 Q 有如下的关系:流量 Q 与压差 Δp 的平方根成正比例关系,所以通过检测出流体流经节流件后产生的压差信号 Δp,也就可以间接地测出对应的流量 Q,这就是差压式流量计的测量原理。

1.3.1.2 主要特点

流量计,特别是节流式差压流量计,在不同工业领域有广泛的应用。它们的功能多样,适用于测量各种单相流体,涵盖了液体、气体、蒸汽等。甚至对于一些混合相流体,如气固、气液或液固混合流,也可以采用节流式差压流量计进行测量。管道的尺寸及工作状态(包括压力和温度)都有对应的节流式差压流量计产品供选择。

这类流量计中的检测元件和差压显示仪表可以由不同制造商独立生产,这种分工便于形成专业化生产和规模化经济,同时它们的组合使用非常灵活方便。

特别是标准型的检测元件,在全球范围内通用,并且得到了国际标准化组织的认可。相比其他流量计,差压式流量计对于标准型检测元件进行的试验研究具有国际性质,这与其他流量计依赖于个别制造商或研究团体的情况形成了鲜明对比。标准型检测元件自20世纪30年代被国际标准化组织确定后,未经过任何改变,其研究资料及生产实践经验非常丰富。涉及的应用领域远超其他任何一类流量计。而应用最广泛的节流元件标准孔板结构易于复制、简单，牢固性能稳定可靠，使用寿命长，价格也相对较低。

差压式流量计的特点是结构简单，使用寿命长，适用范围较广泛（可适用各种工况下的单相流体，管径范围也较为宽泛，并可使用通用的差压仪表）。标准节流装置的结构已经标准化，有可靠的试验数据，只要严格遵循加工和安装的要求，就可以根据计算结果制造和使用，无需单独检定。非标准节流装置可根据试验数据进行估算，但为了准确测量，仍应进行单独检定。差压式流量计的主要缺点在于测量范围较窄，一般量程比为 $3:1$；安装要求严格，可能带来较大的压力损失，刻度也可能为非线性等问题。

节流式差压流量计主要存在以下缺点：

（1）测量的重复性、准确度在流量计中属于中等水平。由于众多因素的影响错综复杂，准确度难以提高。

（2）范围度窄。由于仪表信号（压差）与流量为平方关系，一般范围度仅 $3:1\sim4:1$。

（3）现场安装条件要求较高，需较长的直管段（指孔板、喷嘴等），一般难以满足。

（4）检测件与差压显示仪表之间的引压管线为薄弱环节，易产生泄漏、堵塞冻结及信号失真等故障。

（5）压损大（指孔板、喷嘴）。

为了弥补上述缺点，近年仪表开发有如下一些措施：

（1）拓宽范围度。节流式 DPF 范围度拓宽从两方向着手：①开发线性孔板；②采用宽量程差压变送器或多台差压变送器并用。

（2）开发定值节流件。定值节流件是指对每种通径测量管道配以有限数量的节流件。节流件的 β 值（孔径）则按优先系数选用，每种通径配 $3\sim5$ 种 β 值。定值节流件的应用有许多优点：改变节流件应用对号入座的缺陷；节流件生产方式由小生产作业方式转变为大批量生产；对于廓形节流件（如喷嘴文丘里管等)采用专用加工设备实现批量生产,降低生产成本,为扩大使用创造条件;给用户的使用带来方便,等等。

(3) 减少压损问题。通常节流式 DPF 压损大是指检测件为孔板或喷嘴等品种,其实人们早已开发了多种低压损节流件,如各种流量管(道尔管、罗洛斯管、通用文丘里管等)。

(4) 开发一体化节流式 DPF。把节流装置和差压变送器做成体,省去引压管线,减少故障率,改善动态特性,方便安装使用,受到用户的欢迎。

(5) 安装条件问题。近年国际上为解决阻流件干扰,着力研究适用的流动调整器。在精度要求较高时,节流装置与流动调整器配套供应,可保证测量的准确度,但同时增加了压损与维护工作量。

由于差压式流量计具有上述特点,至今仍是流量测量中使用最广泛的流量仪表。据估计,其占流量仪表的 60%~70%。在可预见的将来,还看不出这种流量计有被淘汰的可能。目前,随着科学技术的迅速发展,差压式流量计正逐渐朝着智能化方向发展。

1.3.2 容积式流量计

容积式流量计,又称定排量流量计(Positive Displacement Flowmeter, PDF),在流量仪表中是精度最高的一类。容积式流量计实质上相当于一个标准容积的容器,通过对流动介质进行连续不断的度量来实现流量测量。随着流量的增加,度量的次数相应增多,这为其高精度提供了基础。其结构相对简单,特别适用于测量高黏度、低雷诺数的流体。

根据回转体形状的不同,当前市场上生产的容积式流量计产品包括适用于液体流量测量的椭圆齿轮流量计、腰轮流量计(罗茨流量计)、旋转活塞和刮板式流量计;而适用于气体流量测量的有伺服式容积流量计、皮囊式和湿式流量计等多种类型。

容积式流量计利用机械测量元件,将流体连续不断地分割成单个已知体积的部分。测量过程中，通过计量室逐次、重复充满和排放该体积部分流体的次数，从而精确测量流体的总体积。值得注意的是，定排量流量计通常不具有时间基准，因此为获取瞬时流量值，可能需要额外添加测量时间的装置。这一测量方法的历史可以追溯到18世纪，而在20世纪30年代开始进入普遍商业应用。

1.3.2.1 基本原理

以椭圆齿轮式流量计为例说明PDF工作原理(图1.2)。如图1.2(a)所示，两个椭圆齿轮具有相互滚动进行接触旋转的特殊形状，p_1和p_2分别表示入口压力和出口压力，$p_1>p_2$。图1.2(a)下方齿轮在两侧压力差的作用下，产生逆时针方向旋转，为主动轮；上方齿轮因两侧压力相等，不产生旋转力矩，是从动轮，由下方齿轮带动，顺时针方向旋转。在图1.2(b)位置时，两个齿轮均在压差作用下产生旋转力矩，继续旋转。旋转至图1.2(c)位置时，上方齿轮变为主动轮，下方齿轮则成为从动轮。继续旋转到与图1.2(a)相同位置完成一个循环。一次循环动作排出四个由齿轮与壳壁间围成的新月形空腔的流体体积，该体积称作流量计的"循环体积"。

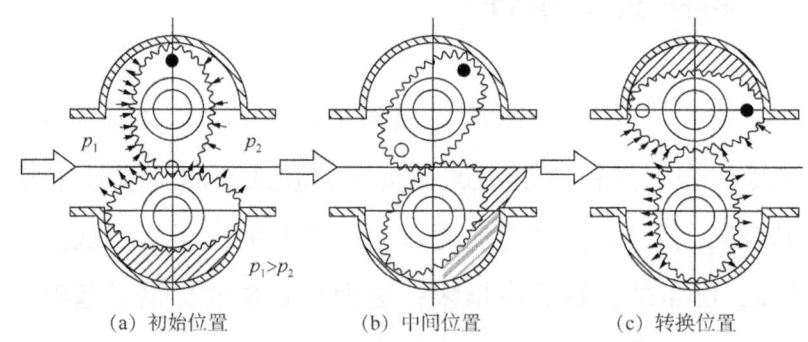

图1.2 椭圆齿轮流量计工作原理

1.3.2.2 基本特性

虽然有许多分类方法形成各种形式的PDF，但大部分都具有相似的基本特性。在图1.3中，c线展示了大部分PDF(不包括转筒湿式气体流量计)具有的流量—误差特性曲线。PDF产生误差的主要原因是由活动测量件与静止测量室之间的缝隙泄漏所形成的。这种泄漏的产生主要有两个方面的原因：一是为了克服活动件的摩阻力，二是受仪表水力学阻力形成压力降的影响。

在管路中，当流体未流动时，仪表的出口压力和入口压力是相等的。然而，当仪表下游阀门微启时，仪表出口压力下降，但由于静止的活动件阻碍了流体的流动，上游流体会从缝隙中向下游泄漏。随着泄漏量增加到一定程度，缝隙流动产生的压力降足够大，使活动件受到的力超过其摩阻力，从而启动活动件转动。这时，为了克服活动件摩阻力所需的泄漏量可粗略地认为其值保持不变。这一过程形成了 PDF 的特有误差特性，如图 1.3 所示。

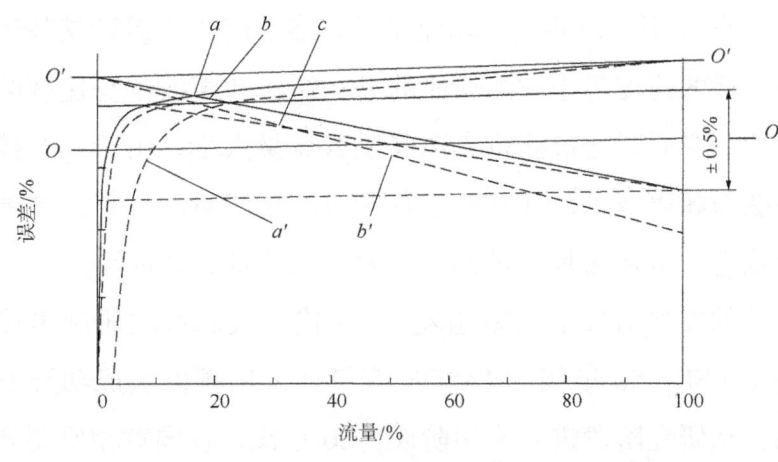

图 1.3 PDF 流量计流量—误差特性曲线

随着流量增加，泄漏量在总流量中所占比例减小，如图 1.3 中 a 线所示，逐渐与理想流量示值(即误差为零的直线)逼近。水力学阻力形成的泄漏量随着流量增加成正比地增加，误差特性如 b 线所示。两类泄漏量误差合在一起，便成为 PDF 典型的流量—误差特性曲线，如 c 线所示。调整传动机构的传动比值，即平移 O'—O' 线到 O—O 位置为零误差线，使仪表测量误差在规定范围内。

如仪表摩阻力泄漏量增加，曲线 a 向右偏移成 a'；如隙缝增加，则水力学阻力形成的泄漏量增加,直线 b 更趋倾斜,如 b' 所示。合成的总体特性也相应变化,误差增大。这就是仪表使用日久,测量元件摩阻力增加,磨损或腐蚀使隙缝增大,使仪表性能变坏的原因。

流体(通常为液体)黏度变化也会改变特性曲线,如黏度降低,曲线 a 将右移到 a' 位置,斜线 b 更向下倾斜,如 b' 所示;黏度增高,则曲线 a 左移,斜线 b 则向上趋于平缓。这也就是液体黏度影响仪表测量性能的原因之一。

1.3.3　超声流量计

超声流量计(Ultrasonic Flowmeter,USF)是通过检测流体流动时对超声束(或超声脉冲)的作用,以测量体积流量的仪表。超声流量计是基于超声波在流动介质中传播的速度等于被测介质的平均流速和声波本身速度的几何和的原理而设计的。它同时通过测量流速来反映流量大小。由于其非接触形式的特点,以及能与超声波水位计联动进行开口流量测量的优势,超声流量计在工业中广受欢迎,被认为是一种具有巨大发展前景的流量计。

在流量计的发展历程中,20世纪30年代,人们首次研制出传播时间法中的相位差型USF;50年代,MASON流量计采用频差法成功开发,用于测量航空燃油,从研究阶段进入应用阶段;60年代,各国竞相研制开发,涌现大量专利申请,同时60年代还出现了多普勒法USF。随着20世纪70年代电子技术的发展,各种型号性能日益完善的USF投入市场。

相比于欧美等发达国家,我国在超声流量计领域起步较晚,直至20世纪60年代才开始相关研究。直到1978年,我国才成功研发出第一台利用频差原理的液体超声流量计并投入实际工业使用。这使得我国在该领域相对滞后了30多年,且该超声流量计的测量精度也显著落后于国外同类产品。

随着天然气行业的迅猛发展,尤其是"西气东输"国家战略的提出,我国在21世纪初颁布了关于天然气测量的超声流量计国家标准,标志着超声流量计的研究正式进入国家层面。目前，国内各高校与研究院纷纷推出了各种型号的超声流量计，我国在超声流量计的研制领域取得了相当显著的成绩。

1.3.3.1 基本原理

根据对信号检测的原理，超声流量计可分为多种方法，其中包括传播速度差法（直接时差法、时差法、相位差法和频差法）、波束偏移法、多普勒法、互相关法、空间滤法及噪声法等。这些方法各自基于不同的物理原理和测量手段，为超声流量计提供了多样化的选择。

这些不同的原理和方法为超声流量计的研究和应用提供了广阔的空间，使其在不同场景和需求下能够更好地发挥作用。因此，超声流量计的发展不仅涉及硬件技术的提升，还包括对信号处理算法和数据分析方法的不断创新与优化。这种多样性和综合性的研究方向为超声流量计的未来发展提供了丰富的可能性。

（1）时差法：测量顺逆传播时传播速度不同引起的时差计算被测流体速度。

时差法是一种基于声波传播速度差异的流速测量方法。在此方法中，通过使用两个声波发送器（SA 和 SB）和两个声波接收器（RA 和 RB），同一声源的两组声波在 SA 与 RA 之间和 SB 与 RB 之间分别传送。这列声波沿着管道安装的位置与管道成 θ 角（一般 $\theta=45°$）。

这种设置使得向下游传送的声波受到流体加速的影响，而向上游传送的声波受到流体减速的影响，导致它们之间产生时差。时差与流速成正比，因此可以通过测量时差来计算被测流体的速度。

进一步，可以采用不同的信号处理方法，如发送正弦信号并测量两组声波之间的相移，或者发送频率信号并测量频率差异来实现流速的更精确测量。这种多样性在时差法中提供了灵活性和可调性，使其适用于不同流体环境和测量需求。这种方法不仅在原理上具有可靠性，而且在实际应用中也展现出了较高的准确性和稳定性。

（2）相位差法：测量顺逆传播时由于时差引起的相位差计算速度。

相位差法是一种利用顺逆传播时由于时差引起的相位差来计算流速的测量技术。在这种方法中，通过将发送器沿垂直于管道的轴线放置，发射一束声波，由于流体流动的影响，声波束会在传播过程中发生相位差。

相位差主要是由于流体流动引起声波传播路径的变化，导致下游声波的相位相对于上游声波发生变化。通过测量这个相位差，可以精确地计算流速。而这个相位差与流速之间的关系是正比的，因此可以建立一个准确的速度测量模型。

值得注意的是，相位差法的优势在于其对流速的高灵敏度和精确度。通过调整实验设置和使用先进的相位测量技术，可以进一步提高测量的准确性。这使得相位差法在流体力学研究和工业应用中都具有广泛的应用前景。通过对相位差的精确测量，可以获取对流体流动行为更为深入的了解，为相关领域的研究和实际应用提供有力支持。

（3）频差法：测量顺逆传播时的声环频率差。

频差法是一种用于测量顺逆传播时的声环频率差的技术。在超声波通过不均匀流体时，声波会发生散射现象。当流体与发送器之间存在相对运动时，通过流体散射后的声波信号与发送的声波信号之间就会产生多普勒频移。这个多普勒频移与流体流速成正比，为测量流速提供了一种可靠的手段。

在这个方法中，被测流体的区域通常位于发射波束与接收到的散射波束相交的地方。为了确保测量的准确性，波束的宽度需要足够窄，使得两个波束之间的夹角 θ 不受波束宽度的影响。此外，也可以采用单通道式的方式，即一个变换器既作为发送器又作为接收器。

在单通道多普勒血液流量计中，发送器定期发送声脉冲信号，而接收器接收从血管壁和血管内红细胞反射回来的声脉冲信号。通过控制线路选择特定距离处的红细胞反射信号，可以得到多普勒频移。这个频移与血液流速成正比，因此在已知血管横截面的情况下，可以准确计算血液流量。

频差法因其对流速高度敏感且非侵入性的特点，在医学领域广泛应用于血液流量测量。

1.3.3.2 主要特点

超声流量计是一种非接触式测量仪表，可用来测量不易接触、不易观察的流体流量和大管径流量。其优点如下：

（1）USF可进行非接触测量。夹装式换能器USF不必停流截管安装，只要在管道外部安装换能器即可。这是USF在工业用流量仪表中具有的独特优点，因此可进行移动性（即非定点固定安装）测量，适用于管网流动状况评估测定。

（2）USF为无流动阻挠测量，无额外压力损失。

（3）USF适用于大型圆形管道和矩形管道，且原理上不受管径限制。

（4）多普勒法USF可测量固相含量较多或含有气泡的液体。

（5）USF可测量非导电性液体，在无阻挠流量测量方面是对电磁流量计的一种补充。

（6）因易于与测试方法（如流速计的速度—面积法、示踪法等）相结合，可解决一些特殊测量问题，如速度分布严重畸变测量、非圆截面管道测量等。

（7）高精度测量：超声流量计通常能够提供高精度的流量测量。其非接触性质和对流体特性的灵活适应使得它在要求精准测量的应用中表现卓越。

（8）广泛适用于不同流体：与一些传统的流量测量技术相比，超声流量计在测量不同性质的流体时表现出色。它不仅适用于液体，而且在测量气体时也能取得良好的效果。

（9）无可动部件：超声流量计通常没有可动部件，这降低了维护成本并延长了仪器的使用寿命。

（10）抗污染性强：由于测量过程中无需直接接触流体，超声流量计对流体中的污染物的影响较小，从而减小了仪表性能的退化风险。

超声流量计的缺点与局限性：

（1）传播时间法 USF 只能用于清洁液体和气体，不能测量悬浮颗粒和气泡超过某一范围的液体；反之，多普勒法 USF 只能用于测量含有一定异相的液体。

（2）外夹装换能器的 USF 不能用于结垢太厚的管道，以及衬里（或锈层）与内管壁剥离（若夹层夹有气体，会严重衰减超声信号）或锈蚀严重（改变超声波传播路径）的管道。

（3）温度和压力的影响：超声波传播的速度受温度和压力等环境因素的影响。在极端温度或压力条件下，可能需要对超声流量计进行校准或调整以确保准确性。

（4）气泡和气体影响：超声波测量对气泡的敏感性可能影响其在含气液体中的性能。气泡的存在可能导致信号的散射或反射，影响测量的准确性。

（5）复杂流体特性：在液体中存在悬浮颗粒或高黏度液体时，超声流量计的性能可能受到限制。这些特性可能导致信号的散射或吸收，从而影响流量计的精度。

（6）能量损失：在长距离传播中，超声波信号可能会因为能量损失而减弱，降低测量的灵敏度和可靠性。

（7）安装要求：超声流量计的性能受到正确安装的影响。要确保准确的测量结果，需要遵循特定的安装规范和要求，这可能在某些应用中带来额外的复杂性。

1.3.4 速度式叶轮流量计

速度式叶轮流量计包括机械式传动输出的水表和电脉冲信号输出的涡轮流量计。其工作原理是将叶轮置于被测流体中，受流体流动的冲击而旋转，以叶轮旋转的快慢来反映流量的大小。一般水表精度较低，误差为±2%，但结构简单，造价低，现已批量生产并标准化、通用化和系列化。涡轮流量计的精度较高，一般误差为±(0.2%~0.5%)。

此外，速度式叶轮流量计在实际应用中的特点和优势使其成为流量测量领域中的重要工具。具体而言，机械式传动输出的水表由于结构简单、造价低廉，广泛应用于一些基础的水流量测量场景，如家庭用水计量等。尽管其精度相对较低，为±2%，但在许多实际应用中，这种误差范围仍然足够满足基本测量需求。

与之相比，电脉冲信号输出的涡轮流量计则展现出更高的精度，一般误差在±(0.2%~0.5%)的范围内。这使得涡轮流量计在对流量测量要求更为严格的场景中得到广泛应用，例如工业生产过程、实验室研究等领域。其电脉冲信号输出的特性也使其更容易与数字化系统集成，实现自动化数据采集和监控。

总体而言，速度式叶轮流量计通过两种不同类型的设计，在满足不同应用需求的同时，提供了灵活的选择。这种多样性使得在各种流体测量场景中都能找到合适的解决方案，从而满足用户对流量测量准确性和可靠性的不同要求。

1.3.5 绕流式流量计

绕流式流量计作为一种广泛应用于流体测量的仪器，其测量原理与流体动压力的感受和流体流量的关系密切相关，将其置于流体中，可以感受流体的动压力，并与流体流量发生关系。这类流量计主要分为等压降式、转动翼板式和靶式三类。其中，等压降式流量计的代表产品为转子流量计，在近几十年内逐渐走向广泛应用。在实验室环境中，转子流量计常被用于小流量的测量，而在火电厂中，它则经常被应用于自动点火控制系统，主要用于轻油流量的测量和调节。这种应用的实例进一步彰显了转子流量计的多功能性和实用性。

另一方面，靶式流量计则是20世纪60年代新兴的产品。在我国的发电厂中，靶式流量计被广泛用于高黏度油料的流量测量。这说明靶式流量计在处理具有一定黏度的流体时具有出色的性能，并成功地应用于一些特定领域，如发电厂的油料流量测量。这进一步展示了绕流式流量计在不同行业和应用场景中的适用性和灵活性。

1.3.6 电磁流量计

在实际工业应用中，电磁流量计以其高测量精度和灵敏度而著称。主要原理是利用导电体在磁场中的运动产生感应电动势，并通过测量这一电动势来反映管道流量的大小。这使得电磁流量计在工业领域广泛用于水、矿浆等导电介质的流量测量。其应用范围可达最大管径 2m，而且具有极小的压损。

然而，电磁流量计存在一些局限性，主要表现在对导电率低的介质应用上的限制，如气体、蒸汽，以及电厂凝结水等。这使得在一些特定场景下，电磁流量计并不能发挥其优越性。此外，该类型仪表的制造成本较高，同时信号容易受外部磁场干扰，进一步加大了其在工业管道流量测量中的应用受限的问题。这些局限性使得工程师和决策者在选择流量测量仪器时需要综合考虑各类因素，以确保选用最适合特定应用的技术和设备。

1.3.7 冲量式流量计

冲量式流量计是专门用于测量固体粉粒料流量的仪器。其应用范围广泛，可用于测量泥浆、结晶型液体和研磨料等的流量。流量测量范围非常宽泛，从每小时几千克到近万吨不等。这种流量计由检测器和二次仪表两部分组成。检测器根据被测介质自由下落在检测板上产生的冲击力，以及介质在检测板上流动时的重量，与被测介质的瞬时重量流量成正比的原理来工作。其工作原理的巧妙性和可靠性使得冲量式流量计在固体粉粒料流量测量领域中得到广泛应用。

1.3.8　科里奥利质量流量计

流量计的广泛应用涵盖了各种类型，包括差压式、靶式、涡轮、电磁，以及容积式等多种形式。这些流量计原理上都是基于测量容积流量，而流体的容积受到温度、压力等参数的影响。在被测流体的温度和压力变化时，通常需要将测得的容积流量换算成标准状态或约定状态下的相应值。然而，当温度和压力频繁变动时，及时进行换算变得相当困难，有时甚至是不可行的。因此，人们期望使用质量流量计来直接测量质量流量。

在实际生产中，对产品进行质量控制、测定生产过程中各种物料混合比率、进行成本核算，以及对生产过程进行自动调节等要求，都需要测定质量流量。科里奥利质量流量计(Coriolis Mass Flowmeter，CMF)是一种直接式质量流量计，利用流体在直线运动的同时处于一旋转系中，产生与质量流量成正比的科里奥利力的原理制成。

科里奥利质量流量计的发展始于20世纪50年代初，由于长期未能解决流体在直线运动的同时要处于旋转系的实用性难题，直到20世纪70年代中期，美国工程师James E. Smith发明了能够将这两种运动结合起来的振动管式质量流量计。该技术由美国高准(Micro Motion)公司首次推向市场，随后在20世纪80年代中后期，各国仪表厂纷纷开发出各种结构的科里奥利质量流量计。1995年，全球已有40家以上的仪表生产厂家推出了各种不同结构的CMF。

近年来，全球经济的快速发展导致了对能源需求的急剧增加。随着对交接计量、环境保护、信息化，以及精细管理要求的提升，对质量流量计的需求也显著增加。

1.3.8.1　基本原理

如图1.4所示，当质量为m的质点以速度v在P轴作角速度ω旋转的管道内移动时，质点受两个分量的加速度及力的作用。

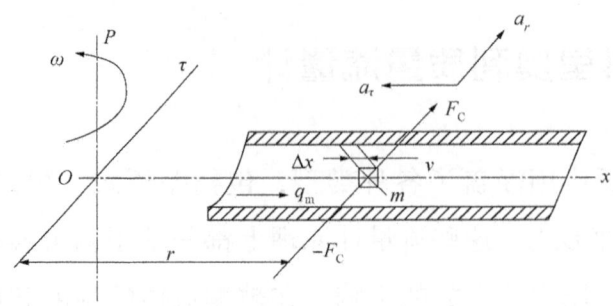

图1.4 科里奥利力的产生

法向加速度 a_r 的值等于 $\omega^2 r$，方向朝向 P 轴；切向加速度 a_τ 即科里奥利加速度，其量值等于 $2\omega v$，方向与 a_r 垂直。根据牛顿第二运动定律，在质点 a_τ 方向上作用的科里奥利力 $-F_C = -2\omega v m$，管道对质点作用的一个反向力 $-F_C = -2\omega v m$。当密度 ρ 的流体在旋转管道中以恒定速度 v 流动时，任何一段长度 Δx 的管道都将受到一个 ΔF_C 的切向科里奥利力：

$$\Delta F_C = 2\omega v \rho A \Delta x \tag{1.1}$$

式中 A——管道的流通内截面面积。

由于质量流量为 δ_m，$\delta_m = \rho v A$，所以：

$$\Delta F_C = 2\omega \delta_m \Delta x \tag{1.2}$$

只要能够测量出科里奥利力，就可以得到流体的质量流量，这就是科里奥利质量流量计的工作原理。

科里奥利质量流量计的工作原理基于测量科里奥利力，从而获得流体的质量流量。然而，通过旋转运动产生科里奥利力存在一定的困难，因此目前的产品采用管道振动来产生科里奥利力。具体而言，这些产品包括两端固定的薄壁测量管，在中点处以测量管谐振或接近谐振的频率（或其高次谐波频率）进行激励。在管道内流动的流体会产生科里奥利力，导致测量管中点前后两半段产生方向相反的挠曲。科里奥利质量流量计利用光学或电磁学方法检测这种挠曲量，从而得到质量流量的准确测量值。

值得注意的是，流体的密度会影响测量管的振动频率，而密度与频率之间存在固定的关系。因此，科里奥利质量流量计还能够测量流体的密度。

科里奥利质量流量计由传感器和变送器两大部分组成。传感器用于流量信号的检测，包括分流器、测量管、驱动、检测线圈等组件。以双U形测量管传感器为例，科里奥利质量流量计主要包括测量管及其支承固定桥检测线圈架、测量管振动激励系统中的驱动线圈、检测测量管挠曲的光学检测探头或电磁检测探头、修正测量管材料杨氏模量温度影响的测温元件等。变送器则主要包括振动激励的振动信号发生单元、信号检测和信号处理单元。流量计算机除了上述组件外，还包括组态设定、工程单位换算、信号显示和与上位机通信等功能。

1.3.8.2 基本特性

科里奥利质量流量计结构的多样性主要体现在传感器和流量变送器的组成上。传感器是科里奥利质量流量计的关键组件，通常包括测量管、振动驱动器、信号检测器、前置放大器、支撑结构和壳体等。其中，测量管是传感器的敏感元件，通常是一种处于谐振状态的空心金属管，也称为测量管。不同型号的测量管结构各异，包括U形、双微弯形、单直管形、双直管形、Q形、S形和双J形等。

测量管的工作原理基于科里奥利效应，即当位于一旋转管内的质点相对于旋转管做离心或向心运动时，会产生一个作用于旋转管体的惯性力。质点的旋转运动是通过有流体流动的振动管的振动来产生的，而由此产生的惯性力与流经振动管的流体质量流量成正比。

这种谐振式传感器的结构设计使其能够高效地转换流体质量流量为相应的振动信号。传感器的各个组成部分协同工作，使科里奥利质量流量计在实际应用中能够准确测量流体的质量流量。

其性能特点如下：

（1）直接测量管道内流体的质量流量；

（2）测量准确度高、重复性好；

（3）可在较大量程比范围内，对流体质量流量实现高准确度直接测量；

（4）工作稳定可靠，流量计管道内部无障碍物和活动部件，因而可靠性高、寿命长、维修量小，使用方便、安全；

（5）适应的流体介质面宽，除测量一般黏度的均匀流体外，还可测量高黏度、非牛顿型流体，无论介质是层流还是紊流，都不影响其测量准确度；

（6）广泛的应用领域，可在石油化工、制药、造纸、食品、能源等多个领域实施计量和监控；

（7）防腐性能好，能适用各种常见的腐蚀性流体介质；

（8）多种实时在线测控功能；

（9）除质量流量外，还可直接测量流体的密度和温度，智能化的流量变送器，可提供多种参数的显示和控制功能，是一种集多功能于一体的流量测控仪表；

（10）可扩展性好，可根据需要专门设计和制造特殊规格型号和特殊功能的质量流量计，还可进行远程监控操作等。

1.4　量和单位

1.4.1　量

现象、物体或物质可定性区别和定量确定的属性均反映了计量学中的关键概念和原则。量，用于描述自然界中各种现象和物体的特性，分为物理量和非物理量，计量学中一般指物理量。这些量，如轻重、大小、长短等，提供了一种客观的方式来理解和解释物理现象。

在计量学中，定性区别和定量确定是两个核心概念。定性区别涉及量的特性和分类，例如几何量、电学量、热学量和力学量等。这些量在其特性上有所不同，但仍然可以根据其共同的特性进行分类和组合。例如，功和热都可以用焦耳作为单位，而厚度、周长和波长等可以用米作为单位。

与此同时，定量确定强调了量的具体和可比性。通过对特定物体或现象进行测量，可以确定其具体的量值，如某根杆的长度或某根导线的电阻。这些量值不仅具有明确的数值，而且可以与其他相似的量进行比较，从而提供了一种更为精确和客观的描述。

1.4.2 单位制

单位制是一种组织和规范计量的系统，它由选定的一组基本单位和通过定义方程式及一定的比例因数确定的导出单位构成。这样的体系确保了在不同领域和应用中使用一致的标准来测量物理量。基本单位的选择对于单位制的定义至关重要，不同的基本单位组合会导致不同的单位制。例如，以厘米、克、秒作为基本单位的单位制被称为厘米克秒制（CGS 制），而以米、千克、秒作为基本单位的单位制则被称为米千克秒制（MKS 制）。

单位制的存在使得测量结果具有普适性和可比性，因为在相同的单位制下，相同的物理量具有相同的测量标准。这有助于确保科学研究、工程设计和贸易交流中的测量数据的一致性和可靠性。

计量单位制，也被称为计量制度，是国家法制的重要组成部分，为国家和国际的合作提供了共同的语言和标准。其在法律框架中的确立和规范是计量工作进行的基础，有了这个基础，各个领域的测量数据才能够具有可信度和可比性，推动科学技术的发展和应用。

1.4.3 国际单位制

国际单位制是以七个基本单位、两个辅助单位及由上述单位按一贯制原则导出的其他单位所构成的单位制。这一体系的设计考虑到了多个关键因素，其中包括统一性、简明性、实用性、合理性、精确性、继承性及世界性等多方面的优点。

其中，基本单位涵盖了长度（米）、质量（千克）、时间（秒）、电流强度（安培）、热力学温度（开尔文）、物质的量（摩尔）、发光强度（坎德拉）七个方面。辅助单位则包括平面角度的弧度和立体角度的球面度。

国际单位制的优点之一是其统一性，通过统一的标准，不同国家和地区可以在科学、工程、贸易等领域实现数据的一致性和互通。这种简明而实用的设计，使得国际单位制成为全球广泛采用的计量系统，促进了科技、生产和贸易的有序发展。

米制作为国际上最早公认的单位制，其出现正是对17—18世纪西方工业革命中计量混乱的回应。科学家们意识到混乱的计量和计量制度会影响科技和生产的进展，也会妨碍世界贸易的顺利进行。因此，他们开始寻求一种不分国家、通用的计量单位和计量制度，最终奠定了国际单位制的基础。

1791年，经法国科学院推荐，法国国民代表大会采纳了以长度单位"米"为基本单位的计量制度。当时"米"被定义为以通过巴黎的地球子午线全长的四千万分之一为长度的基本单位。面积和体积的单位分别是平方米（m^2）、立方米（m^3），以及它们的十进倍数与分数单位。

法国创立的米制，很快便向全世界普及。这一计量制度的国际影响于1875年3月1日进一步得以确立，当时法国政府在巴黎召开了"米制外交会议"，有20多个国家派代表出席。会议在审议中批准了国际米制委员会的建议，并于1875年5月20日正式签署了《米制公约》。

由各签字国的代表组成的国际计量大会（CGPM）成为《米制公约》的最高组织形式，而下设的国际计量委员会（CIPM）则负责具体的执行。国际计量局（BIPM）作为CIPM的常设机构，起着协调、监督和推动国际计量工作的重要作用。这一国际组织体系确保了米制的稳定性和一致性，为全球各国在科学、工程、贸易等领域提供了统一的计量基准。

1948年，第九届国际计量大会责成国际计量委员会以法国文件为基础，向所有国家征求意见并提出以一种能为所有《米制公约》签字国所能接受的实用计量制。

1954年，第十届国际计量大会决定采用米、千克、秒、安培、开尔文和坎德拉等六个单位为实用单位制的基本单位。

1960年，第十一届国际计量大会正式决定将该实用计量单位制命名为"国际单位制"，其国际符号"SI"系取自法文 le Systeme Intemational d´Unites 的字头。

随着科学技术的迅猛进步和计量水平的不断提高，为满足广泛实际需求，国际单位制也持续不断地充实和完善。例如，为了更好地迎合化学领域的需求，1971年第十四届国际计量大会决定增加"物质的量"的基本单位——摩尔。这一决定源于对原有六个基本单位之一的"质量"在物理学中合适而在化学中则显得不够灵活的深刻认识。在化学中，分子的结构，尤其是在一个系统中分子的数目，往往比其总质量更加实用且更能满足实际的测量需求。

又如，为了将国际单位制广泛应用于放射学的研究与应用中，以使非专业人员能够轻松使用单位并尽可能简化计量，1975年第十五届国际计量大会通过了关于放射性计量的两个具有专门名称的导出单位，即放射性活度单位贝可勒尔和吸收剂量单位戈瑞。这一举措不仅有助于提高单位的普适性，还考虑到了在医疗领域发生错误可能带来的危险性。

再者，1979年第十六届和1983年第十七届国际计量大会分别对发光强度单位坎德拉和长度单位米采取了新的定义，为精确测量提供了更为精准的标准。1991年第十九届国际计量大会则决定增加4个词头（10^{21}，10^{24}，10^{21}，10^{24}），进一步拓展了单位的适用范围。1999年第二十一届国际计量大会建议继续对长度计量进行深入研究，以更好地满足日益增长的需求，并提出对与质量单位相关的基本常数或原子常数的关系进行研究，以探讨千克未来的重新定义。最终，在2011年第二十四届国际计量大会上通过了用普朗克常数重新定义基本单位中的质量单位千克（kg），同时对电流单位安培（A）、温度单位开尔文(K)，以及物质的量的单位摩尔(mol)进行了重新定义。这一系列的决定和更新共同构成了国际单位制的不断演进和完善的过程。

1.4.4　我国的法定计量单位

我国的法定计量单位是以国际单位制为基础，并根据我国的实际情况适当地选用一些非国际单位制单位构成。其内容包括：

(1) 国际单位制的基本单位；
(2) 国际单位制中具有专门名称的包括辅助单位在内的导出单位；
(3) 国家选用的非国际单位制单位；
(4) 由以上单位构成的组合形式的单位；
(5) 由词头和以上单位所构成的倍数单位。

1.4.5　法定计量单位使用方法和规则

(1) 组合单位的中文名称与其符号表示的顺序一致。符号中的乘号没有对应的名称，除号的对应名称为"每"字，无论分母有几个单位，"每"字只出现一次。

(2) 乘方形式的单位名称，其顺序应是指数名称在前，单位名称在后。相应的指数名称由数字加"次方"二字而成。

(3) 如果长度的 2 次和 3 次幂是表示面积和体积，则相应的指数名称为"平方"和"立方"，并置于单位之前，否则应称为"二次方"和"三次方"。

(4) 书写单位名称时，不加任何表示乘或除的符号或其他符号。

(5) 单位符号的字母一般用小写字体，若单位名称来源于人名，则其符号的第一个字母用大写字体。

(6) 词头符号的字母当其所表示的因数小于 10^6 时，一律用小写字体，

不小于 10^6 时用大写字体。

（7）由两个以上单位相乘构成的组合单位，若某单位的符号同时又是某词头的符号，并有可能发生混淆时，则应尽量将其置于右侧。

（8）由两个以上单位相乘构成的组合单位，其中文符号只用一种形式，即用居中圆点代表乘号。

（9）由两个以上单位相除构成的组合单位，其符号有三种形式，当可能发生误解时，应尽量用居中圆点或斜线的形式。

（10）由两个以上单位相除构成的组合单位，其中文符号可以用两种形式。

（11）在进行运算时，组合单位的符号可以用水平线表示。

（12）分子无量纲而分母有量纲的组合单位即分子为1的组合单位的符号，一般不用分式而用负数幂的形式。

（13）在用斜线表示相除时，单位符号的分子和分母都与斜线处于一行内。当分母中包含两个以上单位符号时，整个分母一般应加圆括号。另外表示除号的斜线不得多于一条。

（14）词头的符号和单位的符号之间不得有间隙，也不加表示相乘的任何符号。

（15）单位的名称或符号必须作为一个整体使用，不得拆开。

（16）选用SI单位的倍数单位或分数单位，一般应使量的数值处于0.1~1000范围内。

（17）不得使用重叠的词头。

（18）只是通过相乘构成的组合单位在加词头时，词头通常加在组合单位中的第一个单位之前。

（19）只通过相除构成的组合单位或通过乘和除构成的组合单位在加词头时，词头一般应加在分子中的第一个单位之前，分母中一般不用词头。

（20）当组合单位分母是长度、面积或体积单位时，按习惯与方便，分母中可选用词头构成倍数单位。

（21）一般不在组合单位的分子和分母中同时采用词头。

（22）倍数单位和分数单位的指数，指包括词头在内单位的幂。

（23）将 SI 词头的部分中文名称置于单位名称的简称之前构成中文符号时，应注意避免与中文数字混淆，必要时应使用圆括号。

1.5 有效数字与数值修约

1.5.1 近似数

近似数是由可靠数和不可靠数（一般取 1 位）两部分组成的。记录数据时，数据位数要适当。

在实际操作中，确保记录数据的准确性至关重要。数据位数的选择需要谨慎，因为不同的应用场景可能需要不同的精度。位数太少可能会掩盖细微的变化，从而引入误差，特别是在对关键参数进行测量或检定时。然而，位数过多可能会使数据看起来更精确，但实际上可能掩盖了实际测量的不确定性。

在绝缘电阻表的检定中，经常遇到数值位数记多或记少的情况，这可能是由于记录时的疏忽或对数据精度的误判。为了确保数据的可靠性，需要在记录数据时保持一致性，并遵循相关的记录规范。

为了解决这一问题，可以考虑采用标准的记录模板或者在记录数据前明确规定所使用的位数。这有助于保持数据的一致性，减少人为错误的发生。此外，定期进行培训以提高操作人员的注意力和规范记录的重要性也是至关重要的。

总体而言，对于数据记录，平衡准确性和可操作性是关键。确保在不同情境下选择适当的数据位数，有助于提高数据的可靠性和有效性，从而更好地支持后续的数据分析和决策过程。

1.5.2 有效数字

有效数字的概念是相对于近似数而言的一种重要概念。在评估近似数的有效性时，通常考虑绝对误差的情况。具体而言，如果近似数字的绝对误差值不超过该数末位数的正负半个单位值，那么从该近似数第一个不是零的数字起至最末一位数的所有数字都被认为是有效数字。这种定义有助于确定近似数的精度和可信度。

在进行计量器具检定时，需要按照相应的《计量检定规程》要求进行数字处理。这种处理包括对测量结果中的有效数字进行正确地识别和记录。通过遵循规程，可以确保检定数据的准确性和可比性。这对于各种行业，尤其是在科学实验、工程测量和质量控制等领域中，都具有重要的意义。

此外，有效数字的正确处理也涉及对仪器本身的性能进行充分了解。了解仪器的测量精度、灵敏度，以及误差范围，有助于更准确地判断近似数的有效数字。因此，在进行计量器具检定前，要确保仪器的合适性，并在检定过程中采取适当的数字处理方法，以提高测量结果的可靠性。

总体而言，对有效数字的正确理解和处理在保障测量准确性和可靠性方面具有关键作用。通过遵循规程和对仪器性能的了解，可以有效地进行数字处理，从而提高数据的质量和可信度。

1.5.3 数值修约

数据修约的原则是数值处理中的一项关键准则，其目的在于简化数字表示，减少不必要的精度，以提高数据的清晰度和易读性。在实际应用中，通常遵循"五下舍去五上入，单进双弃系整五"的基本原则。

这个原则涵盖了多种情况的处理方式，以确保在修约过程中保持一定的规律性。当舍去的部分数值大于 5 时，选择末位进 1，以确保修约后的数值更接近真实值。相反，如果舍去的部分数值小于5，则直接舍去，避免引入过多的不必要数字。

特别值得注意的是，当舍去的部分数值恰好等于5时，需要考虑末位数字的奇偶性。如果末位是奇数，则进1使其成为偶数；如果末位是偶数，则保持原来的末位数字。这种处理方式有助于保持数字的整体平衡和一致性。

此外，修约的过程中需要注意的是，只能进行一次修约，不能逐次修约。这意味着在选择修约方式时，需要综合考虑各种因素，确保修约后的数字既符合精度要求，又能够简洁明了地表达所需信息。

综上所述，数据修约原则不仅仅是数学处理的规则，更是为了使数字在表示和传递中更加方便和易懂而制定的一系列准则。在实际运用中，合理地应用这些原则有助于提高数据处理的效率和准确性。

2 质量流量计基础知识

本章系统介绍了质量流量计的基本工作原理、分类及其功能组成。首先，详细解析了质量流量的概念及其与体积流量的区别，明确了质量流量计在流量测量中的重要地位。随后，阐述了质量流量计的主要分类，包括间接式和直接式测量方法，并深入探讨了每种方法的测量原理和特点。此外，还介绍了质量流量计的功能模块及其在系统中的作用。

2.1 质量流量计工作原理

在流量测量领域，对流体量的表示可以采用体积或质量两种方式。体积流量指的是以流体的体积为基准的流量表示，而质量流量则是以流体的质量为基准的流量表示。因此，流量可以分为体积流量和质量流量，而累积流量则可细分为累积体积流量和累积质量流量。

在流量测量中，用于测量流经管路或明渠的流体流量的仪表被统称为流量计。这些流量计可以采用不同的原理和技术，以适应各种应用场景。流体的体积是温度和压力的函数，因此它是一个与环境条件变化相关的因变量。相反，流体的质量是不受时间、空间温度和压力变化影响的恒定量。

常见的流量计包括孔板流量计、涡轮流量计、涡街流量计、电磁流量计、转子流量计、超声流量计，以及椭圆齿轮流量计等。这些流量计测量的值通常是流体的体积流量，即单位时间内通过管道或通道的体积。这样的表示方式在许多应用中是合适的，特别是在需要考虑流体体积变化的情况下。

总体而言，流量计的选择取决于具体的应用需求和测量目的。无论是体积流量还是质量流量的选择，都需要根据流体特性及工艺要求来做出适当的决策，以确保准确测量流体的流量。

然而在科学研究、生产过程控制、质量管理、经济核算和贸易交接等广泛的应用场景中，流量通常更关注其质量而非体积。尽管常见的流量计能够测量流体的体积流量，但这往往无法满足实际需求，因此人们通常需要额外的手段来获取流体的质量流量信息。

在过去，人们只能通过测量流体的温度、压力、密度和体积等参数，然后通过修正、换算和补偿等方法间接地推导出流体的质量。然而，这种测量方法存在中间环节较多的问题，导致质量流量测量的准确度难以得到充分的保证和提高。随着现代科学技术的不断发展，一些直接测量质量流量的计量方法和装置逐渐涌现，为流量测量技术带来了显著的进步。

目前，质量流量测量方法主要分为两大类。首先是质量流量的间接式测量方法，即通过同时测量流体的体积流量和密度值，通过运算器计算得到流体的质量。另一种方式是同时测量流体的体积流量，以及温度、压力值，利用流体密度与温度、压力之间的关系，进而计算出流体的质量。其次是质量流量的直接式测量方法，这种方法直接反映了质量流量值，与流体的温度、压力和密度等参数的变化无关，提高了测量的直接性和准确性。

这些创新的质量流量测量方法不仅简化了测量流程，还提高了准确性和实用性，使流量测量技术更好地适应了不同领域的需求。随着技术的不断进步，质量流量测量领域仍将迎来更多创新和发展。

2.2 质量流量间接式测量方法及仪器

质量流量间接式测量方法也称为质量流量推导式测量方法。它是在分别测量多个参数的基础上，通过运算器计算得到流体的质量流量。一般采用测量 ρq_V^2 的流量计与密度计的组合、测量 q_V 的流量计与密度计的组合、测量 ρq_V^2 的流量计与测量 q_V 的流量计组合或在测量流体的温度和压力后，利用流体密度与温度、压力之间的关系求出该温度、压力状况下的密度值，再由流体体积流量乘以密度得到质量流量值。

这种间接式测量方法的广泛应用表明其在实际应用中的灵活性和适用性。通过结合多种参数的测量结果，这一方法为质量流量的准确计算提供了可靠的手段。随着技术的不断发展，这些组合方式和计算方法可能会进一步优化，为质量流量测量领域带来更多的创新和进步。

2.2.1 测量 ρq_v^2 的流量计与密度计的组合

测量工艺管线内流体组合量 ρq_v^2 的流量计通常采用差压式流量计，将它与密度计组合起来就成为能间接测量流体质量流量的质量流量计，其工作原理如图 2.1 所示。

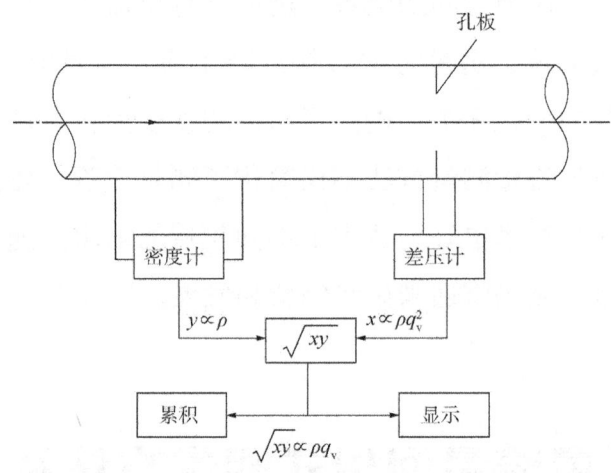

图 2.1 测量 ρq_v^2 的流量计与密度计的组合图

在图 2.1 中，由孔板两端测得的差压信号 Δp 与 ρq_v^2 成正比关系。设差压变送器的输出信号为 x，则有 $x \propto \rho q_v^2$。设密度计测得的信号为 y，则有 $y \propto \rho$。将 x、y 信号输入运算器进行开方，可得：

$$\sqrt{xy} = k_1 \sqrt{\rho q_v^2 \rho} = k_1 \rho q_v = k_1 q_m \tag{2.1}$$

式中　k_1——比例常数；

　　　ρ——密度，kg/m^3；

　　　q_v——体积流量，m^3/s；

q_m——质量流量,kg/s。

2.2.2 测量 q_v 的流量计与密度计的组合

测量工艺管线内流体体积流量 q_v 的流量计通常采用容积式流量计或电磁流量计、涡轮流量计、涡街流量计和超声流量计等速度式流量计。将这些流量计与密度计组合起来就能间接求出流体的质量流量,其原理如图2.2所示。

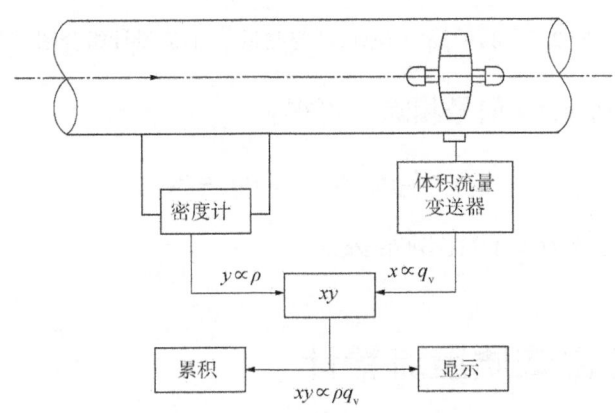

图2.2 测量 q_v 的流量计与密度计的组合图

由体积流量计测得的信号为 x,它与体积流量 q_v 成正比关系,即 $x \propto q_v$。设密度计测得的信号为 y,则 $y \propto \rho$。将信号输入运算器进行乘法运算,可得:

$$xy = k_2 \rho q_v = k_2 q_m \tag{2.2}$$

式中 k_2——装置的比例常数。

2.2.3 测量 ρq_v^2 的流量计与测量 q_v 的流量计组合

这种质量流量计由两个流量计组成,其原理如图2.3所示。

在图2.3所示的两个流量计中,通常一个是差压式流量计,设其输出信号为 y,则有 $y \propto \rho q_v^2$。另一个是容积式或速度式体积流量计,设其输出信号

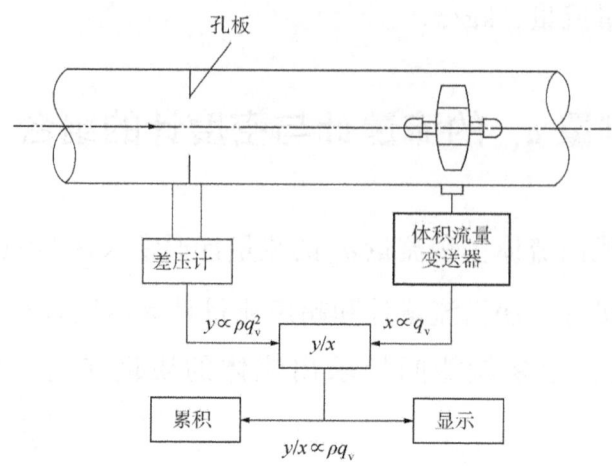

图 2.3 测量 ρq_v^2 的流量计与测量 q_v 的流量计组合图

为 x,则 $x \propto q_v$。将 x,y 信号相除,可得:

$$y/x = k_3 \rho q_v^2 / q_v = k_3 \rho q_v = k_3 q_m \tag{2.3}$$

式中 k_3——该测量方式的比例常数。

2.2.4 补偿式质量流量计

补偿式质量流量计的测量方法是在测量流体的温度和压力后,通过运用流体密度与温度(T)、压力(p)之间的关系来推导得到特定温度和压力条件下的流体密度值。这样获得的密度值再与测得的流体体积流量相乘,从而得到准确的流体质量流量。

流体的密度受温度和压力的影响。当流体所处的压力和温度发生变化时,导致流体密度相应变化。尤其是在气体这样的介质中,温度和压力的变化对密度产生更为显著的影响。为了推导出流体的质量流量,必须在测量流体体积流量的同时测量并考虑流体的密度。通常情况下,测量气体的温度和压力相对于直接测量气体密度更为容易。因此,通过温度、压力补偿的方法来计算气体的质量流量就成为关键问题之一,需要寻找适当的函数关系式 $\rho = f(p, T)$ 来描述这种补偿关系。

这种补偿式测量方法的优势在于能够通过较容易获取的温度和压力参数来间接计算出流体的密度，并且以此计算质量流量，从而实现对流体质量流量的准确测量。这一方法的不断发展和优化为质量流量测量领域带来了更高的精度和可靠性，尤其在气体流量测量方面有着显著的应用潜力。

目前常见的应用方法是首先测量工况下气体的体积流量，包括工况温度和压力条件。随后，通过相应的转换计算将其换算成标准状态下的体积流量或质量流量。图2.4展示了该方法的工作原理。在流量信号的采集方面，可以选择使用涡街、涡轮、孔板等体积流量计，得到与流量成正比的频率量或模拟量。温度信号通常通过测温敏感元件并通过温度变送器转换为模拟量。压力信号则经过压力变送器处理，同样转换为模拟量。将这三个频率或模拟量输入流量演算仪后，按照预设的气体补偿方程进行运算，最终得到标准状态下的气体体积流量。如果需要得到气体的质量流量，只需将标准状态下的气体体积流量乘以标准状态下的气体密度值即可求得。

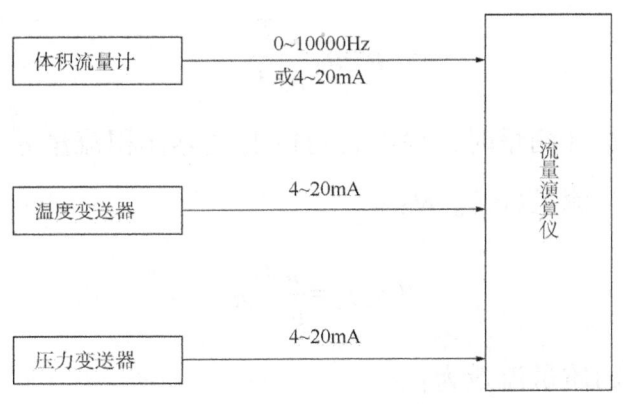

图2.4 补偿式质量流量计原理示意图

这种补偿式测量方法的不断优化与改进将为工业过程中对气体质量流量进行准确测量提供更为可靠的手段，进一步推动流体测量技术的发展。

气体的密度不仅随温度变化，对压力变化也非常敏感。在常温常压下，如温度变化10℃左右，则气体密度变化约为3%，在压力为一个大气压时，如压力变化为10kPa，则密度变化约为10%。

为了求得在压力 p、温度 T 状态下的气体密度 ρ，可利用式(2.4)进行计算：

$$\rho = \rho_0 \frac{p}{p_0} \frac{T_0}{T} \frac{Z_0}{Z} \tag{2.4}$$

式中　p_0——标准状态下的绝对压力；
　　　T_0——标准状态下的热力学温度；
　　　ρ_0——标准状态下的气体密度；
　　　Z——压缩系数。

压缩系数是考虑到实际气体并非完全遵守理想气体状态方程，当使用理想气体状态方程进行计算时应进行修正的系数。式(2.4)中，Z_0 是实际气体在标准状态下的压缩系数，Z 是实际气体在压力 P、温度 T 状态下的压缩系数。压缩系数随气体而异且随气体压力、温度而变化。在较低的压力下、理想气体定律成立的范围内，压缩系数为1。一般来说，在中低压状态下，压缩系数可近似看作1。届时，式(2.4)可简化为：

$$\rho = \rho_0 \frac{p}{p_0} \frac{T_0}{T} \tag{2.5}$$

当用体积流量计测量时，检出管道内的气体体积流量 q_v，则转换到标准状态下的气体体积流量 $(q_v)_0$ 为：

$$(q_v)_0 = \frac{p}{p_0} \frac{T_0}{T} q_v \tag{2.6}$$

于是，气体的质量流量为：

$$q_m = \rho_0 (q_v)_0 = \rho_0 \frac{p}{p_0} \frac{T_0}{T} q_v \tag{2.7}$$

令 $k_0 = \rho_0 \frac{T_0}{p_0}$，于是，式(2.7)可改写为：

$$q_m = k_0 \frac{p}{T} q_v \tag{2.8}$$

可见，要进行自动补偿，只要把由体积流量测出的体积流量 q_v 乘以介质的绝对压力 p 和热力学温度 T 之比，即可相应求得气体的质量流量 q_m。

对于高温高压气体流量的测量，还必须考虑气体压缩系数的变化影响。例如：严格地说，过热蒸汽是非理想气体，其密度 ρ 与 p、T 之间的关系甚为复杂，虽然物理学证明，其密度 ρ 也是 p、T 的函数，并导出了它们之间的关系式，但在工业上必须根据补偿范围及准确度要求进行简化后方便于应用。

2.3 质量流量直接式测量方法及仪器

质量流量直接式测量方法发展至今，已产生多种类型的直接式质量流量计。常见的有量热式质量流量计、冲量式质量流量计、差压式质量流量计、双涡轮式质量流量计和科里奥利质量流量计等，目前以科里奥利质量流量计应用得最为成熟和广泛。

2.3.1 量热式质量流量计

量热式质量流量计是利用加热流体时，使流体温度上升所需要的能量与流体质量流量之间的关系为原理，或是在加热流体时利用测量热的传递、热的转移来测得流体质量流量的流量计。量热式质量流量计主要有以下几种：托马斯流量计、边界层流量计、旁路管热式流量计等。下面将分别予以简要介绍。

（1）托马斯流量计。

托马斯流量计是由外热源对被测流体加热，测量因流体流动而造成的温度变化来反映质量流量，或利用加热流体时流体温度上升所需能量与流体质量流量之间的关系来测量流体质量流量的仪表。这种流量计主要是用来测量气体的质量流量,其工作原理如图2.5所示。

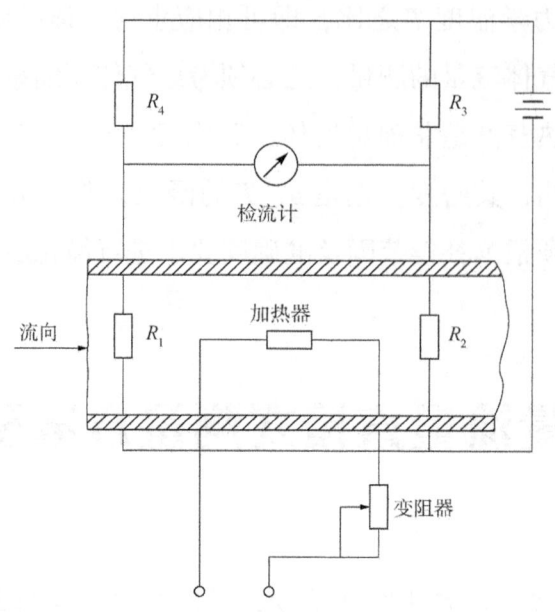

图2.5 托马斯流量计原理简图

放在上游侧的电阻R_1测量未经加热的气体温度T_1,放在下游侧的电阻R_2测量被加热气体的温度T_2。这两支电阻温度计接到惠斯登电桥两臂,从而测出两者之间的温度差$\Delta T = T_2 - T_1$。在这两支温度计位置的中间安装一个电加热器,通过调节加热器的电流使温度差ΔT维持恒定,加热器所消耗的电能可用功率计准确测量。

设气体的比定压热容为c_p,电热丝前后两测温点的温度差为ΔT,气体质量流量为q_m,在单位时间内消耗的电能为E,则加热气体所需的能量和加热器上下游温度差之间的关系为:

$$E = J c_p \Delta T q_m \tag{2.9}$$

式中 J——热功当量。

由式(2.9)可得气体的质量流量为:

$$q_m = \frac{E}{J c_p \Delta T} \tag{2.10}$$

对于一定的气体,设其比定压热容c_p为常数。由式(2.10)可知,无论是提供一定的能量而测量温度差 ΔT，或是维持一定温度差而测量所给予的能量 E，都可以确定气体的质量流量 q_m。由于后一种方法其质量流量与能量之间有正比例关系，因此在实际应用中多为采用。

此种气体质量流量计，是假定气体的比定压热容 c_p 为恒定值。实际上，对于一定的气体，比定压热容 c_p 值与气体的压力无关，而在一定的温度范围内，受温度的影响很小。但当被测气体是混合气体时，比定压热容的值将随组分比发生变化。以致在实际使用时，当被测气体的组分发生变化时，会带来显著的测量误差。这种结构形式的流量计，由于它利用加热器直接对流体加热，因而不能使用易燃易爆介质和导电介质。

（2）边界层流量计。

边界层流量计，又称作附面层流量计，主要是用于气体质量流量的测量。图 2.6 是这种流量计的原理简图。

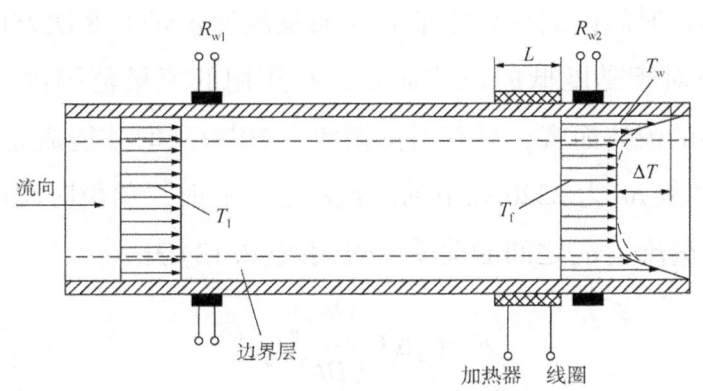

图 2.6　边界层流量计原理简图

在流量计管道的外侧绕有加热器线圈。在流动方向的上下游管道外侧安装着两个电阻温度计 R_{w1} 和 R_{w2}。加热时，热量通过管壁和流体边界层向管内的流体传递。由于边界层很薄，热量在管壁和边界层内部的热传递可以看作是以热传导方式进行的。在远离加热器的上游侧及紧靠加热器的下游侧，管道内部的温度分布分别如图 2.6 中的左、右两条曲线所示。图 2.6 中右边曲线中的实线表示的是紊流情况下的温度分布，虚线表示的是层流情况下的温度分布。由于管壁是用导热性能很好的材料制造的，以致管子沿壁厚方向的温度梯度很小，可以忽略不计。管壁和管道内部的温度梯度主要是在边界层内产生，边界层以外的其他部分的温度梯度可以忽略不计。

有两种流动状态要予以注意：

① 在雷诺数 Re 为2320以上的紊流状态。若令提供给电热丝单位时间内的加热电能为 E，流体的热传导率为 k，流体比定压热容为 c_p，黏度为 μ，管道内径为 D，流体质量流量为 q_m，则 E 和 q_m 的关系式可表示为：

$$E = K_1 \Delta T \frac{k^{0.6} c_p^{0.4}}{D^{0.2} \mu^{0.4}} q_m^{0.8} \tag{2.11}$$

式中　K_1——常数；

　　　ΔT——紧靠加热器后部的下游侧处管壁至管道中心部分的温度差，近似为加热器处边界层内外的温度差。

由式(2.11)可知，当 k、c_p、D、μ 一经确定，加热电热丝并使 ΔT 值保持不变时，单位时间内的加热能量 E 与质量流量 q_m 的0.8次方成正比。

式(2.11)对于黏度低的流体而言，在实用的流量范围内，全部都能成立。对黏度高的流体而言，只有当雷诺数为 10^4 以上时才能成立。

② 在雷诺数 Re 为2320以下的层流状态。届时，单位时间内的加热电能 E 与流体的质量流量 q_m 之间的关系，可用式(2.12)表示：

$$E = K_2 \Delta T \frac{k^{2/3} c_p^{1/3}}{(DL)^{1/3}} q_m^{1/3} \tag{2.12}$$

式中　K_2——常数；

　　　L——加热器加热面沿流动方向的长度。

由式(2.12)可知，在层流状态下，当 k、c_p、D、L 一经确定，加热电热丝并使 ΔT 值保持不变时，单位时间内的加热能量 E 与质量流量的1/3次幂成正比。

由上述可知，用这种方法进行质量流量测量时，需要测出紧靠加热器后部下游侧管壁至管道中心部分的温度差 ΔT，并可使用惠斯登电桥和简单的伺服系统来调节加热器回路的电能，以保持该温度差不变。

为了测量这一温度差，实用上的温度测量端是设置于如图2.6所示的管道的外侧，电加热器线圈下游侧不远处安装的测温电阻R_{w2}可以测出被加热器加热了的管壁温度，即被加热了的流体边界层外侧的温度，而在远离加热器线圈的上游侧安装的测温电阻R_{w1}，可以反映管道中心部分的温度，即近似为流体边界层内侧的温度。

此种流量计用来测量流体的质量流量，是在假定流体的热传导率、比定压热容、黏度等都是一定值时进行讨论的。但由于流体组成的变化或流体温度的变化，这些参数也将发生变化，并将直接造成测量误差。特别是由于流体温度变化的影响很大，因此常在测量回路中安装温度补偿装置。这可以将感受流体温度的温度补偿电阻构成惠斯登电桥的一臂，从而达到自动补偿流体温度变化的目的。

（3）旁路管热式流量计。

旁路管热式流量计主要由两部分组成，即主管路和旁路管测量传感系统。图2.7是这种流量计的原理结构示意图。

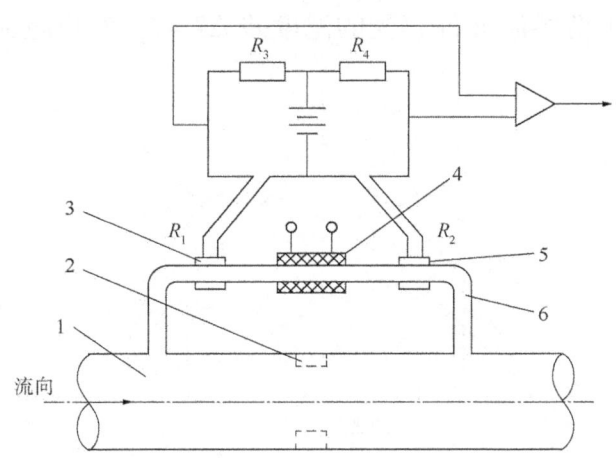

图2.7　旁路管热式流量计原理结构示意图

1—主管道；2—气阻件；3，5—感温元件；4—加热器；6—旁路管

在流量计主管道上并联有一口径较小的旁路管道。在主管道上安装有一个气阻件，用于调节主管道与旁路管道的流量比。在某些旁路管热式流量计结构中，气阻件装在旁路管入口处。在一定的测量量程内，保证主管道与旁

路管道流量比的恒定是这种结构的流量计正常工作的前提。从图2.7可以看到，在旁路管中央的外壁上绕有加热器线圈，它将管壁和管内的气体加热，在加热器线圈两边对称位置绕有两个温度系数很高的感温电阻元件，感受与加热器线圈对称的旁路管上、下游处管壁的温度 T_1、T_2，其电阻值分别为 R_1、R_2，它们与另外两个电阻器组成惠斯登电桥，以测量温度差 $\Delta T = T_2 - T_1$。

图2.8表示旁路测量管沿管道轴线的温度分布曲线。

当气体流量为零时，旁路测量管的温度场以加热器为中心对称分布，如图2.8中曲线1所示。届时，上、下游感温元件受热相等，温度均为 T_w，感温元件的电阻值也相等，因此，电桥输出信号为零。当有气体流过旁路测量管时，流动的气体分子从旁路测量管上游吸收热量，所吸收的热量部分向旁路测量管下游管壁传递，一部分热量被流动的气体带走。在这种条件下，旁路测量管的温度场将呈非对称分布，如图2.8中曲线2所示。届时，上、下游感温元件处感受的温度就不相等，上游感温元件处的温度为 T_1，下游感温元件处的温度为 T_2。随着气体质量流量的增大，旁路测量管温度场的非对称性就越甚，上、下游感温元件感受的温度差 $\Delta T = T_2 - T_1$ 也越大。

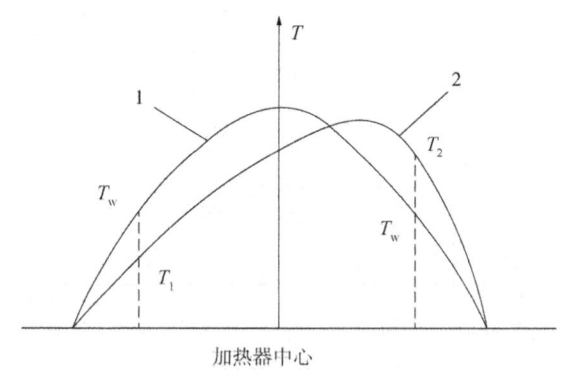

图2.8 旁路测量管温度分布曲线

旁路测量管上、下游感温元件感受的温度差 ΔT 与气体质量流量 q_m 间的关系可表示为：

$$\Delta T = K \frac{W}{A} c_p q_m \tag{2.13}$$

式中　　W——加热器消耗的电功率；

　　　　A——感温元件与周围环境间的散热系数；

　　　　c_p——气体介质的比定压热容；

　　　　K——比例系数。

对于一定的仪表结构，其散热系数为定值。若保持一定的加热功率，对一定组分的气体而言，测量管上、下游感温元件感受的温度差与气体的质量流量成正比。

在电桥电路中，旁路测量管上、下游感温元件的电阻差值为：

$$\Delta R = R_2 - R_1 = R_0[1+\alpha(T_2-T_0)] - R_0[1+\alpha(T_1-T_0)]$$

$$= \alpha R_0(T_2-T_1)$$

$$= \alpha R_0 \Delta T$$

式中　　R_0——在温度 T_0 时感温元件的电阻值；

　　　　α——感温元件的电阻温度系数。

于是，测量电桥的不平衡信号电压 ΔU 近似为：

$$\Delta U = K'\Delta R = K'\alpha R_0 \Delta T$$

$$= K'\alpha R_0 K \frac{W}{A} c_p q_m$$

令：

$$K'' = K'K\alpha R_0 \frac{W}{A}$$

可得：

$$\Delta U = K'' c_p q_m \tag{2.14}$$

由式(2.14)可见，当加热功率恒定时，测量电桥的输出电压信号仅与介质的比定压热容和气体的质量流量有关。

由于气体的比定压热容随气体组分的变化而变化，因而，这种形式的流量计，同样也只适用于测量特定组分的气体或固定组分的混合气体的质量流量。

为此,在实际使用中,要求用户准确地提供实际使用的气体名称、分子式,如果是混合气体,必须准确提供混合气体比例。

目前实验室还不能按照用户实际使用的各种气体分别标定流量计,通常是根据用户实际使用气体的流量转换成氮气或空气的流量后进行标定。在进行这样的"转换"标定后,用户在使用时,流量计直接输出显示的就是实际气体的质量流量。

不同气体的流量换算是通过传感器转换系数进行的,设氮气(N_2)的传感器转换系数为1,各种单一成分气体的传感器转换系数是根据每种气体的比定压热容经计算或实验所得,单一组分气体的传感器转换系数可从流量计使用说明书中查到,混合气体的传感器转换系数可以通过计算求出。表2.1中列出了部分气体的传感器转换系数值。

表2.1 部分气体的传感器转换系数

气体	传感器转换系数
N_2	1.00
H_2	1.00
O_2	0.99
CO	1.00
He	1.40
H_2S	0.85

混合气体的传感器转换系数的计算公式为:

$$混合气体的传感器转换系数 = \frac{100}{\frac{V_1}{C_1}+\frac{V_2}{C_2}+\cdots+\frac{V_n}{C_n}}$$

式中 V_1——气体1占混合气体体积的百分比;

V_2——气体2占混合气体体积的百分比;

V_n——气体n占混合气体体积的百分比;

C_1——气体 1 的传感器转换系数；

C_2——气体 2 的传感器转换系数；

C_n——气体 n 的传感器转换系数。

如果混合气体的比例是变化的，这样，传感器转换系数也是变化的，也就无法进行精确地标定。所以不是固定比例的混合气体，在使用这种质量流量计时，将影响测量准确度。

另一方面，由于这种质量流量传感器采用的是传热式原理，如果被测气体不是干燥气体，将影响传热效率，从而也将影响传感器的测量准确度。对于这种介质，用户在流量计前方，可安装管道干燥器，以保证流量计的测量准确度。

此外，由于旁路测量管管道较小，管路中又装有气阻件，所以这种形式的流量计要求使用洁净的气体。为防止任何异物进入旁路测量管，在流量计上游应安置在线过滤器以保证流量计运行可靠。

2.3.2 冲量式质量流量计

冲量式质量流量计是一种基于动量原理，利用物料流自一定高度下落的冲量引起的力来测量自由下落的粉体或颗粒状物料流的质量流量的流量计。

如图 2.9 所示，安装于输送出料口下面 $h=0.5\sim1.5m$ 处的测量机构测出散状物料流对冲板的直接冲力。为了保证所有物料以恒定的速度撞击冲板，利用引料槽进行物流导向。传感器中特殊水平引导装置将冲板的运动限制于水平方向，作用于冲板的水平方向的合力，由反作用弹簧所平衡，于是冲板的位移量正比于物料的质量流量。

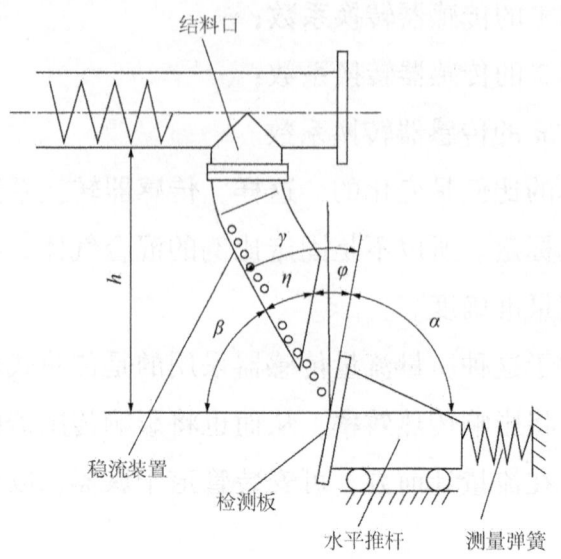

图 2.9 冲量式质量流量计原理简图

图 2.10 为冲量式质量流量计受力分析图。图 2.10 中,物料流的冲击角为 γ,物料流以速度 v_1 冲击平板,速度 v_1 在平板平行方向的分量为 v'_1,在平板垂直方向的分量为 v''_1。物料流撞击平板后,其速度为 v_2,速度 v_2 在平板平行方向的分量为 v'_2,在垂直方向的分量为 v''_2。

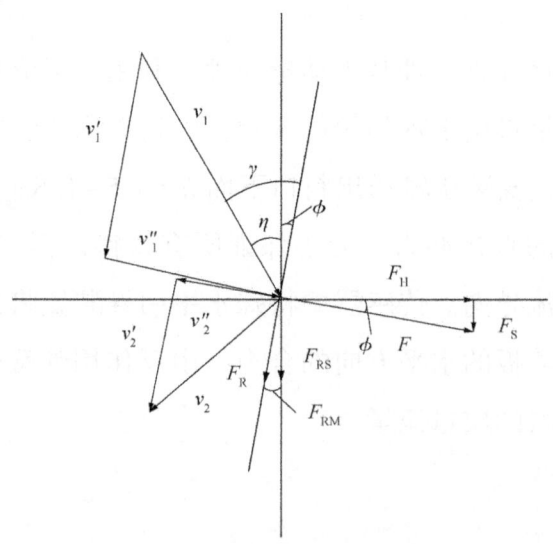

图 2.10 冲量式质量流量计受力分析图

$$v''_2 = -kv''_1$$

式中　k——冲击因数。

根据物料结构不同 k 取 $0\sim 1$ 之间的值。对于理想弹性物质，取 1，对于理想塑性物质，取 0。

物料流接触平板时，在平行于平板表面的方向上，受到摩擦力的阻滞作用，所以，一般说来速度分量 $v'_2 < v'_1$。

物料单元质量 δ_{mi} 的动量在垂直方向上的分量发生的变化为：

$$\delta_{mi}v''_1 - \delta_{mi}(-v''_2)$$
$$= \delta_{mi}(v''_1 + v''_2)$$
$$= \delta_{mi}(v''_1 + kv''_1)$$
$$= (1+k)v''_1 \delta_{mi}$$

该方向上动量的变化，产生力 $F_i(t)$，作用时间 τ，按冲量定理，可得：

$$\delta_{mi}v''_1 - \delta_{mi}(-v''_2)$$
$$= (1+k)v''_1 \delta_{mi}$$
$$= \int_t^{t+\tau} F_i(t)\,\mathrm{d}t$$

由于在流量计结构中，采用精细水平导引装置导引着冲板，所以只有水平分力 $F_{iH} = F_i\cos\phi$ 作用到力传感器或反作用弹簧上。其中，ϕ 为冲板安装角。

在作用时间 τ 内，流经冲板的总物料量为：

$$m(\tau) = \sum_{i=1}^{n}\delta_{mi} = \frac{1}{(1+k)v''_1}\int_t^{t+\tau}\sum_{i=1}^{n}F_i(t)\,\mathrm{d}t$$

$$= \frac{1}{(1+k)v_1\sin\gamma}\int_t^{t+\tau}\frac{\sum_{i=1}^{n}F_{iH}(t)}{\cos\phi}\mathrm{d}t$$

$$= \frac{1}{(1+k)v_1\sin\gamma\cos\phi}\int_t^{t+\tau}F_H(t)\,\mathrm{d}t$$

其中：

$$F_H(t) = \sum_{i=1}^{n} F_{iH}(t)$$

并由此可得：

$$\int_t^{t+\tau} F_H(t)\,dt = (1+k)v_1 \sin\gamma\cos\phi\, m(\tau)$$

$$F_H(t) = (1+k)v_1 \sin\gamma\cos\phi \frac{dm(\tau)}{dt}$$

$$= (1+k)v_1 \sin\gamma\cos\phi\, q_m(t)$$

其中，质量流量 $q_m = \dfrac{dm(\tau)}{dt}$。

由上述可知：水平方向作用力 $F_H(t)$ 是质量流量 $q_m(t)$ 的度量。即：

$$q_m(t) = \frac{F_H(t)}{(1+k)v_1 \sin\gamma\cos\phi} \tag{2.15}$$

一旦流量计调整好后，冲板安装角 ϕ 即为常数。这种装置的测量结果，通过冲击因数和冲击速度而反映出来，因此极为依赖物料的结构性质及冲击速度的有效值 v_1 和冲击角 γ。当物料的冲击因数、冲击速度和冲击角不变时，物料的质量流量与冲板水平方向分力成正比。

如图 2.10 所示，物料对冲板的摩擦力 F_R 也有水平分量 F_{RM}（虽然这个力很小），它以不可逆转的形式削弱作用在平板上的水平方向合力。由于这个原因，应事先通过对比称量来校准整个装置。

冲量式流量测量装置，结构紧凑，抗物理和化学干扰作用的能力强。目前主要用于固相粉粒状物料流的质量流量的测量。

2.3.3　差压式质量流量计

差压式质量流量计由孔板和定流量泵组成，图 2.11 即为其工作原理示意图。

2 质量流量计基础知识

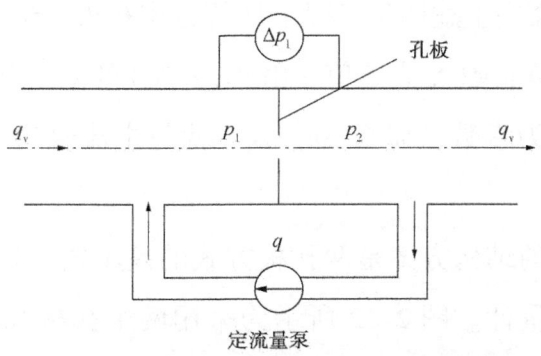

图 2.11 差压式质量流量计原理示意图

在主管道上安装孔板,在孔板上游和下游两侧间设置分流管,在分流管中设置定流量泵,以产生一定体积流量 q 的循环流。当流动方向如图 2.11 循环,流动方向与主流一致时,在主流管中流过孔板的流量为主流流量 q_v 和固定的循环流量 q 之和,即通过孔板的流量为 q_v+q,设此时孔板前后产生的压力差为 Δp_1,则:

$$\Delta p_1 = K\rho(q_v+q)^2 \tag{2.16}$$

式中 K——该孔板的装置常数;
ρ——流体密度。

将式(2.16)展开,可得:

$$\Delta p_1 = K\rho q_v^2 + 2K\rho q_v q + K\rho q^2 \tag{2.17}$$

当循环流反向流动,即与主流方向相反时,在主流管道内通过孔板的体积流量为主流流量 q_v 与循环流量 q 之差。即此时通过孔板的流量为 q_v-q,假设此时孔板前后产生的压力差为 Δp_2,则:

$$\Delta p_2 = K\rho(q_v-q)^2 \tag{2.18}$$

将式(2.18)展开,可得:

$$\Delta p_2 = K\rho q_v^2 - 2K\rho q_v q + K\rho q^2 \tag{2.19}$$

将式(2.16)与式(2.18)相减,可得:

$$\Delta p_1 - \Delta p_2 = 4K\rho q_v q = 4Kq_m q \tag{2.20}$$

若管内流动状态在上述两种情况下均符合该孔板的最小雷诺数限定条件，则可认为该孔板装置常数 K 为定值。由式(2.20)可见，当使用定流量泵使分流管中循环流量 q 为常数，那么 $\Delta p_1 - \Delta p_2$ 就与主流管道内的质量流量 q_m 成正比。

作为实用例子的结构方案是两孔板方式的差压式质量流量计和四孔板方式的差压式质量流量计。图 2.12 所示为采用两个孔板和两台定流量泵的两孔板方式的差压式质量流量计，图 2.13 所示则为采用四个孔板和一台定流量泵的四孔板方式的差压式质量流量计。

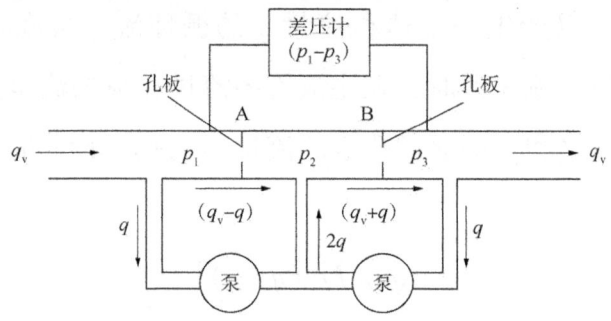

图 2.12　两孔板方式的差压式质量流量计

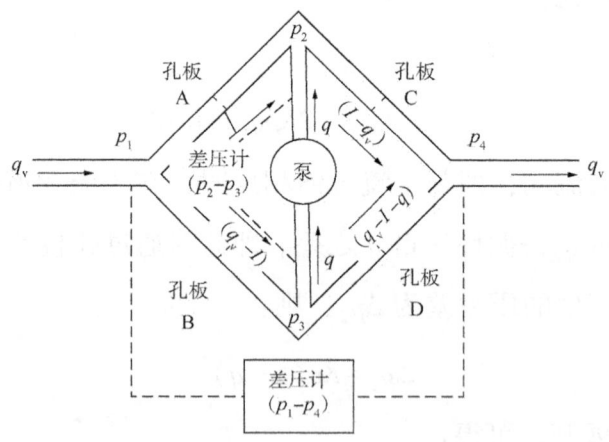

图 2.13　四孔板方式的差压式质量流量计

如图 2.12 所示，在主流管道上安装构造和尺寸都完全相同的两个孔板 A、B。从主流管道的上流测流入体积流量 q_v 一直流到下流测。但在中途，流过每个孔板的主流管道上都并联分流管道,在每个分流管道中都安装一台定流量泵,使其产生方向相反的恒定流量 q 的循环流。因此,通过各个孔板的流量不相等,通过孔板 A 的体积流量为 (q_v-q),通过孔板 B 的体积流量为 (q_v+q)。如前所述,在孔板 A 前后产生的压力差 Δp_A 应为 $\Delta p_A=K\rho(q_v-q)^2$,孔板 B 前后产生的压力差 Δp_B 应为 $\Delta p_B=K\rho(q_v+q)^2$,由于孔板 A、B 的构造和尺寸相同,故两孔板的装置常数 K 是相同的。假设流动的流体是非压缩性的,则通过各孔板的流体密度相同。

由这些关系求 $\Delta p_A-\Delta p_B$。可以得到:

$$\Delta p_B-\Delta p_A=4K\rho qq_v=4Kqq_m \tag{2.21}$$

由式(2.21)可知,若用定流量泵使循环流量 q 保持恒定,则孔板 A、B 前后产生的压力差的差值就与主流管道中流体的质量流量成正比。

若把循环流的流量 q 设计得比主流管道流量的最大值还要大,即令 $q>q_v$,于是,通过孔板 A 的流动方向与通过孔板 B 的流动方向相反。因此,若令孔板 A 的上流侧压力为 p_1,孔板 A 下流侧压力(即孔板 B 的上流侧压力)为 p_2,则 $p_2>p_1$,且:

$$\Delta p_A=p_2-p_1=K\rho(q-q_v)^2 \tag{2.22}$$

若令孔板 B 下流测的压力为 p_3,则有:

$$\Delta p_B=p_2-p_3=K\rho(q+q_v)^2 \tag{2.23}$$

则孔板 A、B 压力差的差值可表示如下:

$$\Delta p_B-\Delta p_A$$
$$=p_1-p_3$$
$$=K\rho(q+q_v)^2-K\rho(q-q_v)^2$$
$$=4K\rho qq_v$$
$$=4Kqq_m$$

由上述可知,孔板 A 的上流侧的压力 p_1 与孔板 B 的下流侧的压力 p_3 之差与主流管道流动的流体质量流量 q_m 成正比。

在上述方式中,为了使 $q>q_v$,定流量泵容量就比较大,而且要用两台定流量泵。

如图 2.13 所示的四孔板方式的差压式质量流量计,则只需要一台定流量泵。这种形式与惠斯登电桥的构造相似,从主流管道流入的流量 q_v 分流成两路,如图 2.13 所示,每个分流管道分别安装了孔板 A、C 和 B、D,而且在这两条分流管的中点由安装定流量泵的管道使它们相互连接起来。四个孔板的构造、尺寸是相同的,由定流量泵按箭头方向送入恒定流量 q 的流体。

如果通过孔板 A 的体积流量为 I,此时通过孔板 A 前后的压力差为 p_1-p_2,可得下列关系式:

$$p_1-p_2=K\rho I^2 \tag{2.24}$$

式中　K——孔板的装置常量;

　　　ρ——流体的密度。

同样,对孔板 B,因为流量为 (q_v-I),所以压差 (p_1-p_3) 为:

$$p_1-p_3=K\rho(q_v-I)^2 \tag{2.25}$$

孔板 C 的流量为 $(I+q)$,压差为 (p_2-p_4):

$$p_2-p_4=K\rho(I+q)^2 \tag{2.26}$$

孔板 D 的流量为 (q_v-I-q),压差为 (p_3-p_4):

$$p_3-p_4=K\rho(q_v-I-q)^2 \tag{2.27}$$

由式(2.24)和式(2.26)求和,有:

$$2I^2+q^2+2Iq=\frac{1}{K\rho}(p_1-p_4) \tag{2.28}$$

由式(2.25)和式(2.27)求和,有:

$$2q_v^2-4Iq_v-2qq_v+2I^2+q^2+2Iq \tag{2.29}$$

$$=\frac{1}{K\rho}(p_1-p_4)$$

由式(2.28)和式(2.29)求和，有：

$$I = \frac{q_v - q}{2} \tag{2.30}$$

I就是流过孔板 A 的体积流量。由式可知，只有当 $q_v > q$，I 才大于 0，各分流管道中的流动方向也才与图 2.13 中标注的方向相一致。届时，可推导出：

$$p_2 - p_3 = K\rho q q_v = K q q_m \tag{2.31}$$

如图 2.13 所示，若测出定流量泵入口和出口间的压力差，它就与流过主流管道中的质量流量成正比。

如果是处于 $q_v < q$ 的状态下，同理，可推导出：

$$p_1 - p_4 = K\rho q q_v = K q q_m \tag{2.32}$$

在这种情况下，主流管入口和出口间的压力差与主管道中的质量流量成正比。

2.3.4 双涡轮式质量流量计

双涡轮式质量流量计主要是由两个倾角不同的涡轮组成，图 2.14 即为其结构原理示意图。

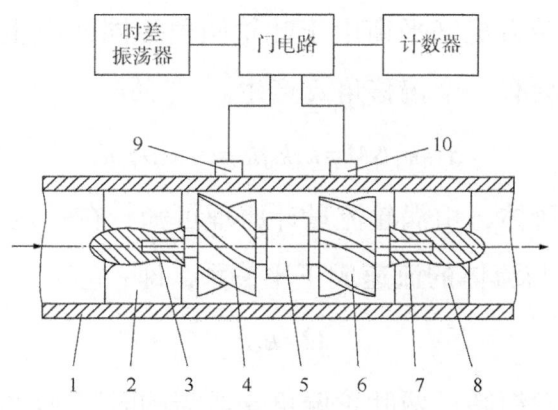

图 2.14 双涡轮式质量流量计原理结构示意图

1—永久磁铁；2，8—涡轮固定装置；3，7—轴承；4，6—涡轮；5—弹簧；9，10—磁敏传感器

在同一轴线上前后安装两个倾角分别为 θ_1 和 θ_2 的叶轮，两叶轮之间利用扭簧连接。当流体通过时，由于两叶轮倾角不同，所以产生的推动力矩也不同，于是两叶轮之间会产生一个偏移角 α，相应地在扭转弹簧上便产生一个扭转力矩来平衡两叶轮的推动力矩差，并使叶轮组作为一个整体旋转。

如果两叶轮的叶片倾角分别为 θ_1 和 θ_2，则当流量计通过该组叶轮时，它们受到的力矩差 ΔM 为：

$$\Delta M = \rho q_v u(k_1 \tan\theta_1 - k_2 \tan\theta_2)$$
$$= q_m u(k_1 \tan\theta_1 - k_2 \tan\theta_2) \tag{2.33}$$

式中 k_1，k_2——装置常数，取决于流量计的叶轮形状和结构尺寸。

由式(2.33)可知，力矩差 ΔM 与流体的质量流量 q_m 和流速 u 的乘积成正比。当两叶轮的形状、尺寸确定后，k_1、k_2、θ_1、θ_2 均为常数。

令：

$$k_3 = k_1 \tan\theta_1 - k_2 \tan\theta_2 \tag{2.34}$$

于是：

$$\Delta M = k_3 \rho q_v u \tag{2.35}$$

从原理简图可见，两叶轮之间由扭簧相连，因此，上述两叶轮上作用的力矩差值，可以通过扭簧的扭矩来平衡。也就是说，在两叶轮上由于需要扭转弹簧产生一个扭转力矩来平衡由于叶轮倾角不同而产生的力矩差 ΔM，所以两叶轮之间必然会有一个偏移角 α 产生。

$$\alpha = k_4 \Delta M = k_4 k_3 \rho q_v u = k_5 \rho q_v u \tag{2.36}$$

叶轮组是一个整体，由涡轮流量计原理可知，在一定流量范围内，叶轮组的旋转角速度 Ω 与流体的流速成正比关系，即：

$$\Omega = k_6 u \tag{2.37}$$

那么，整个叶轮组转过两叶轮偏角 α 所需的时间 Δt 可以表示为：

$$\Delta t = \frac{\alpha}{\Omega} = \frac{k_5 \rho \cdot q_v u}{k_6 \cdot u} = k_7 \rho q_v = k_7 q_m \tag{2.38}$$

其中系数 $k_3 \sim k_7$ 均为比例常数。

由式(2.38)可知,叶轮组转过偏移角 α 所需的时间 Δt,与流体质量流量成正比。时间 Δt 是通过信号检测电路来进行测量的,为此,在叶轮上安装信号发生器,在壳体上安装信号检测器。当叶轮旋转时,将在检测器中产生脉冲信号。当一涡轮先行到达一定位置产生电脉冲时,则计数器的门被打开,并开始计数,当后一个涡轮随后到达同一个位置产生电脉冲时,计数器的门被关闭,停止计数。测得该段时间差,即涡轮旋转时叶轮组转过两叶轮偏移角所需的时间,即可测得流体的质量流量。

2.3.5 科里奥利质量流量计

科里奥利质量流量计,又称科氏力式质量流量计,是一种采用崭新测量原理的流量测量仪表,自20世纪80年代初期进入商品化以来,得到了较快的发展。其工作原理及典型结构将在后文详细叙述。

科里奥利质量流量计,可以用于石油化工、化学、制药、造纸、食品和能源等行业,在工艺过程的检测控制和贸易交接计量等场合,获得了广泛的应用,已受到国内外流量测量界的高度重视和广大用户的欢迎,是当今世界上较先进的一种新型质量流量计。

科里奥利质量流量计与传统的流量测量方式相比,有如下突出特点:

(1) 它能够直接测量管道内流体的质量流量,即直接得到质量流量信号。这种测量方式,由于不需要经过中间参数的测量和转换,从而避免了多个中间环节的测量引入的误差,质量流量测量准确度高、重复性好,可在比较大的量程比范围内,实现对质量流量的高准确度直接测量。

(2) 适应的流体介质面宽。它除可测量一般黏度的均匀流体之外,还可测量各种高黏度、非牛顿型流体。对于含有少量固相成分的流体及含有少量气相成分的流体,在一定条件下也可以适用。从原理上说,科里奥利质量流量计的测量准确度可以近似地认为不受被测介质的物理参数和管内流动状态的影响。

(3)在流体流过的流量计管道内部,无障碍物和活动部件,因而可靠性高,使用寿命长,日常维修量小。

(4)除可直接测量流体的质量流量外,还可直接测量流体的密度和温度。可以提供多种参数的显示和控制功能,是一种集多种功能为一体的流量测控仪表。

(5)良好的稳定性和耐用性是科里奥利质量流量计的另一个显著特点。其结构简单,不易受外部环境变化的影响,使其在长时间运行中能够保持较高的测量稳定性。同时,由于不涉及与流体直接接触的零件,科里奥利质量流量计对于腐蚀性或有害物质的抗性较强,具有较长的使用寿命。

(6)可广泛应用于多个行业。科里奥利质量流量计的适应性广泛,不仅可以在化工、石油、制药等领域中广泛应用,而且在食品、饮料、生物医药等行业也具备较强的适用性。这种通用性使得科里奥利质量流量计成为跨行业流量测量的理想选择。

(7)高精度的温度和密度补偿功能。科里奥利质量流量计通常配备了先进的温度和密度补偿技术,能够实时校正流体在不同温度和密度下的质量流量,进一步提升了测量的准确性。这种补偿功能使得在复杂工况下,其仍然能够保持高精度的流量测量。

科氏质量流量计是运用流体质量流量对振动管振荡的调制作用为原理,以质量流量测量为目的的流量计。它一般由一次装置与二次装置所组成。

科氏质量流量计一般由传感器和信号处理系统组成,而流量传感器又是一种基于科里奥利力效应的谐振式传感器。这种传感器的敏感元件——振动管,是处于谐振状态的空心金属管,又称测量管。流量传感器中的振动管是一项关键组件,其设计考虑了流体动力学和结构强度。这种振动管通常采用精密加工的材料,以确保其对流体流动的高度敏感性。其形状和尺寸的优化旨在最大限度地引起科里奥利力效应,并产生可测量的振动频率变化(图2.15)。

在信号检测器方面,光电式和电磁式检测器的选择取决于应用的要求。光电式检测器通过光电效应监测振动管的运动,而电磁式检测器则利用电磁

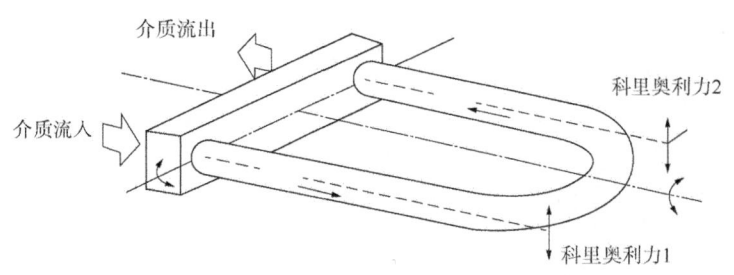

图 2.15　U 形振动管的工作原理图

感应原理。这些检测器与放大处理电路相结合，构建了一个精密的反馈系统，确保传感器能够稳定、准确地捕捉振动频率的变化，从而实现流量测量的高精度。

振动驱动器的作用是提供对振动管的激励，使其保持在谐振状态。这通常通过精确的电子控制实现，确保振动管在不同流量条件下都能维持合适的振动频率，以保证测量的可靠性和稳定性。支撑结构采用耐腐蚀的不锈钢材料，其设计旨在保证振动管与法兰连接成一个坚固的整体，同时提供足够的支撑以防止振动管的形变和损坏。

壳体的设计不仅仅是为了提供外部保护，还考虑了对内部组件的隔离。采用单层或双层壳体可以根据具体需求进行选择，以满足不同工作环境下的要求。这种保护措施确保流量传感器在恶劣条件下仍能正常运行，并延长其使用寿命。

进入流程的第二阶段是流量变送器，其核心是微处理器电子系统。这一阶段的关键任务是将一次装置的信号转化为质量流量信号，并进行温度参数的补偿和修正。采用微处理器技术使得流量变送器能够更灵活地应对不同的工况和流体特性。标准电流信号或频率信号的输出使得流量信息能够方便地与其他系统集成，实现了更广泛的数据交互和监控。

流量变送器的显示面板是用户界面的重要组成部分，它允许操作员直观地监视和配置各种参数。这种可视化界面对于设备的调试、维护和故障排除都至关重要。流量变送器的通信协议确保了与上位机和 DCS 系统之间的高效连接，实现了远程监控和控制的便捷性。有的流量变送器没有显示面板和操作键盘，只有模拟量或频率量输出。在实际应用中，有时需要另外配备二次仪表和手操器实现参数显示和操作组态。

3 质量流量计的设计及制造

本章详细论述了质量流量计的设计与制造过程，涵盖了机械模块和软件模块的设计要点。在机械模块设计部分，重点讨论了测量管的选型、信号检测位置的确定以及传感器主体和罩壳的设计原则。同时，针对软件模块设计，阐述了软件总体结构框图及重点模块的功能实现思路。此外，还介绍了质量流量计制造过程中的关键环节，包括材料选择、机械加工、传感器组装、校准测试等步骤。

3.1 机械模块设计

3.1.1 测量管选型

3.1.1.1 测量管管形确定

测量管的设计和制造对科里奥利质量流量计的性能至关重要。在科里奥利质量流量计中，测量管通常是采用高精度的金属材料制成，以确保其具有良好的强度和耐腐蚀性能。为了实现准确的质量流量测量，振动管需要具备一定的柔性和回复性，以便在流体流动时产生足够的谐振。

测量管的几何形状和尺寸也是关键因素，影响着传感器的灵敏度和响应特性。工程师们通常通过精确的计算和模拟来优化测量管的设计，以满足特定应用的要求。此外，表面处理技术的应用，如表面涂层或抛光，有助于降低流体对测量管的摩擦阻力，从而提高传感器的灵敏度和精度。

在制造过程中，对测量管的加工精度和质量控制要求也非常高。任何微小的几何偏差或制造缺陷都可能影响测量精度和稳定性。因此，现代科里奥利质量流量计的制造通常采用先进的加工技术和自动化生产线，以确保每个测量管都符合严格的质量标准。

科里奥利质量流量计的性能和可靠性受测量管质量的直接影响。通过不断的研究和创新，科学家和工程师们致力于进一步优化测量管的设计和制造工艺，以满足不断变化的工业和科研需求。

测量管有各种不同的结构形式，按照传感器测量管的数量可将其分为单管形、双管形和连续管形三种结构。单管形结构简单，不存在分流问题，管路清洗方便，但单管形质量流量计对外来振动比较敏感，抗干扰能力弱。双管形结构容易实现相位差的测量，可以较好地克服外来振动的影响，并对提高振动系统的 Q 值有利（Q 值是表示振子阻尼性质的物理量，即 Q 值越高表示振子能量损失的速率越慢，振动持续时间越长）。目前大多数产品均采用这种结构。连续管形是一种特殊形式的单管，它以环绕两圈的单管结构试图集单、双管形的优点于一身，但由于测量管制作难度较大，应用较少。根据测量管的形状，又可分为直管形和弯管形两大类。直管形一般外形尺寸较小且不易于积存气体，但由于其振动系统刚度大，谐振频率高，相位差为微秒级，电信号的处理就比较困难。为了不使谐振频率过高，管壁必须较薄，以致其耐磨及抗腐蚀性能较差。弯管形的振动系统刚度较低，谐振频率也较低，相位差为毫秒级，电信号较易处理同时可选用较厚的管壁，因此，其耐磨及抗腐蚀性能较好。目前，大多数科里奥利质量流量计均采用弯管形结构。测量管管形如图 3.1 所示。

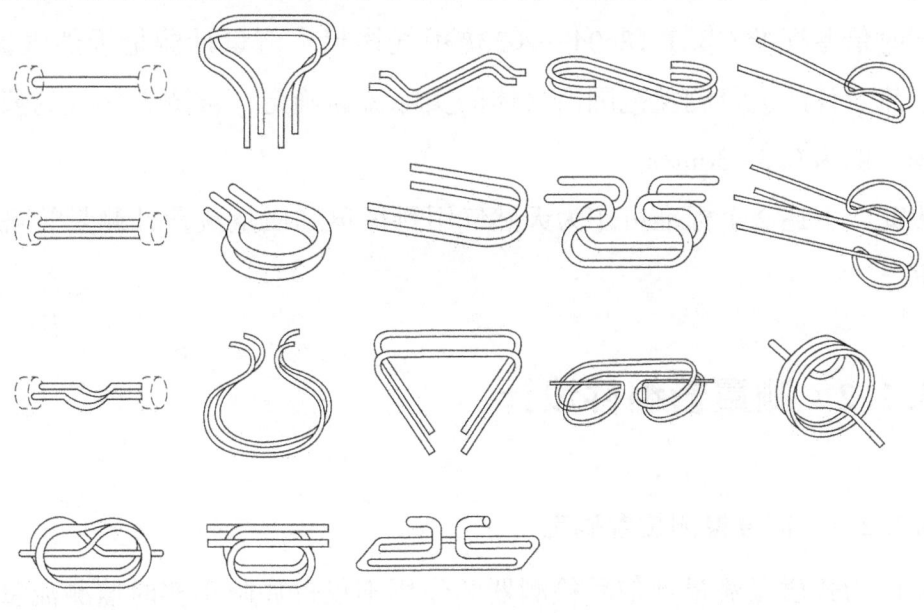

图 3.1　测量管管形图

基于相关瞬态动力学仿真的高灵敏测量管管形研究，结论是三角形的灵敏度最高，门字形和 U 形管结构次之，考虑到安装尺寸和结构工艺性，项目测量管形状采用 U 形和门字形。

3.1.1.2 测量管规格的选型

科里奥利质量流量计测量管的管径通常是根据流量计量的流体流量和压降来确定的。在选择管径时，需要考虑流体的流量范围、黏度、密度、压力和温度等因素。一般来说，管径应该足够大，以确保流体通过测量管时不会产生过大的压降，从而影响测量的准确性。同时，管径也不能太大，否则会增加成本并降低灵敏度。因此，在选择管径时需要综合考虑多种因素。

根据标准 SY/T 6659—2016《用科里奥利质量流量计测量天然气流量》可知，由于高流速产生的噪声可能会影响流量计的信号，从而影响流量计的准确度和重复性，因此，在高流速的情况下，流量计的性能会有一些限制。当流量传感器内的气流速度小于 60m/s 时，这种影响一般不用考虑。在流量计的压损达到 0.127MPa 前，气流速度是选择流量计口径的关键。

同时借鉴标准 GB/T 18604—2023《用气体超声流量计测量天然气流量》可知，流量计的流量测量范围由气体的实际流速确定，被测天然气的典型流速范围一般为 0.3~30m/s。

因此，上述 2 个标准可作为天然气用科里奥利质量流量计测量管规格选型依据。

3.1.2 测量管组件设计

3.1.2.1 信号检测位置确定

科氏力式质量流量计信号检测器的作用不仅仅局限于实时监测流量计的输出信号，更为重要的是其在流量测量系统中的整体性能提升。通过精密的相位差检测和信号转换过程，这一检测器能够实现对流体流动状态的高度敏感监测，从而为用户提供更加准确和可靠的流量测量结果。

这种信号检测器在流量计系统中扮演着关键的角色，通过对科氏力信号的精准感知，可以识别流体的运动状况，进而评估流量计的性能。由于流体的物理性质会随着温度、压力等环境条件的变化而变化，科氏力式质量流量计信号检测器的高灵敏度确保了对这些变化的敏感感知，进而保证流量计系统在不同工况下都能够提供可靠的流量测量数据。

此外，信号检测器还在故障诊断和维护方面发挥着积极作用。通过监测流量计的工作状态，可以及时发现潜在的问题或异常，提前采取维护措施，从而减少系统停机时间，提高流量计的可用性。

科氏力式质量流量计信号检测器的性能优越性不仅表现在实时监测功能上，更体现在其为整个流量测量系统提供稳健性和可靠性的能力上。

信号检测位置确定原则主要有以下四点：

（1）检测位置应该尽可能地靠近测量管的共振节点处，以获得最为准确的测量结果，共振节点是指测量管振动幅度最大的点。

（2）检测位置应减少信号传输过程中的干扰和损失，即远离任何可能影响测量的干扰因素。

（3）应避免存在流速不均匀、流动不稳定等影响流量计测量精度的因素。

（4）检测位置应尽量选择在流体流动稳定的区域，以确保测量信号的稳定性和可靠性。一般选择测量管直管段，以确保流体流动的稳定性。

确定信号检测位置的方法多种多样，其中试探法和计算法是比较广泛运用的两种方式。试探法侧重于实验验证，通过在测量管上安装多个信号检测器，分别记录不同位置下的振动信号，并对比各个位置下的测量结果，以确定最佳位置。这种方法的优势在于其直接性和实用性，能够通过实际数据直观地找到最佳位置。

与此不同，计算法则是基于理论计算和数值模拟的方式确定最佳位置。

通过利用数值模拟方法，比如有限元数值模拟，模拟流体在测量管内的振动特性，然后通过对模拟结果的分析，推导出最佳的信号检测位置。尽管这种方法依赖于模型和理论的准确性，但它提供了一种更深入的理解，能够预测可能的最佳位置，并减少了实验验证的需要。

在实际应用中，通常会综合考虑这两种方法。试探法提供了实际数据支持，而计算法则提供了理论指导，二者结合可以更全面地确定最佳的信号检测位置。此外，基于先进的技术和计算能力，也有可能将这两种方法进行结合优化，提高确定最佳位置的精确度和效率。

3.1.2.2 固定块位置确定

在科氏力质量流量计测量管组件中，固定块的合理位置确定是确保测量精确性和可靠性的关键因素之一。固定块位于主体与测量管之间，其作用不仅仅是简单的固定作用，更重要的是作为一种缓冲层的功能(图3.2)。

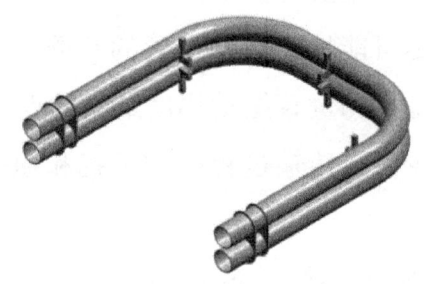

图 3.2　传感器固定块位置

这个缓冲层的设计有助于吸收并有效减少外部振动的传递，特别是那些可能来自环境或设备运行的振动。通过降低测量管受到的外部振动干扰，固定块在一定程度上保护了测量管的稳定工作。这在测量灵敏的科氏力质量流量计中显得尤为重要，因为即使微小的振动也可能对流量测量结果产生不良影响。

在确定固定块位置时，需考虑测量管的特性、外部环境振动的频率和振幅等因素。通过精心设计固定块的位置，可以最大限度地减少振动对测量精度的影响，从而提高测量的准确性和可靠性。合理的固定块位置不仅有助于维持仪器的长期稳定性，还有利于降低对仪器的维护需求，延长其使用寿命。

固定块位置设计原则主要有以下三点：

（1）能吸收和减少外部振动传递，降低测量管的振动干扰；

（2）保证产品寿命：固定块所处位置是测量管振动应力最大的地方，对于不锈钢材质，振动幅度限制在一定范围之内，测量管振动应力不超过其极限值，就能保证测量管正常工作振动，反之，若振动应力超过其极限值，则测量管将会产生疲劳损坏；

（3）控制测量管共振频率：测量管共振频率越高，系统的灵敏度越低，对小流量的测量能力就越差。

3.1.2.3 磁钢与线圈相对位置确定

在确定磁钢与线圈的相对位置时，需要考虑科里奥利效应的最佳检测和监控条件。科里奥利效应是指在流体中或流经导体中的电流产生磁场时，会导致该导体在磁场的作用下产生一个与电流方向垂直的力的现象。因此，在测量传感器中，线圈和磁钢的相对位置决定着对这一效应的灵敏度和可靠性。

线圈和磁钢的相对位置影响着信号检测器的性能。正确的相对位置可以提高检测器对科里奥利效应的敏感度，从而更准确地捕捉到流体中的电流或磁场变化。通过优化这些部件的布局，可以最大程度地利用科里奥利效应，并确保信号检测器在各种工作条件下的稳定性和可靠性。

另外，驱动器是用来驱动测量管振动的重要装置，与信号检测器及放大处理电路一起构成了正反馈自激励振荡系统。这种系统的设计需要考虑驱动器与信号检测器之间的相互作用，以及信号传输的稳定性。通常，驱动器和信号检测器采用光电式和电磁式，它们的选择和相对布局也会影响系统的整体性能。

因此，在设计和确定磁钢与线圈的相对位置时，需要深入考虑传感器对科里奥利效应的敏感度、系统的稳定性，以及信号传输的精确性。通过合理安排和优化磁钢与线圈的布局，可以提高测量系统的性能，确保其在各种环境和工作条件下都能够可靠地运行。图3.3为采用电磁式检测的质量流量计信号检测器。

为了使质量流量计在工作中产生较稳定的电信号，即需使测量管在振动过程中，均匀地切割磁感线，因此线圈与磁钢的相对位置尤为关键。

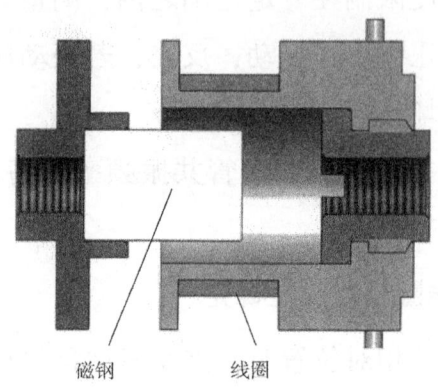

磁钢　　　线圈

图3.3　信号检测器与驱动器组成

3.1.3　传感器主体设计

两根平行的"U"形测量管根部牢固地焊接在主体上，通过上游法兰，将流体均匀分配给两根测量管，确保流入两管的流量相等（图3.4）。这使得由于流体流过而引起的科氏力所产生的扭矩大小相等、方向相反，维持整个测量管系统处于受力平衡状态。因此，传感器主体不仅承担支撑测量管和罩壳的作用，同时负责将流体均匀分配给两根测量管。其次，传感器主体还需承受来自管道安装应力的压力，以确保管道安装应力的变化不会影响质量流量计的准确计量。这种设计保障了传感器在各种工况下的稳定运行和可靠性。

传感器主体设计原则主要有以下三点：

（1）传感器主体为承压过流部件，应能承受管道内部的最大工作压力；

（2）传感器主体应具备一定的强度，能承受来自管道安装应力的影响；

3 质量流量计的设计及制造

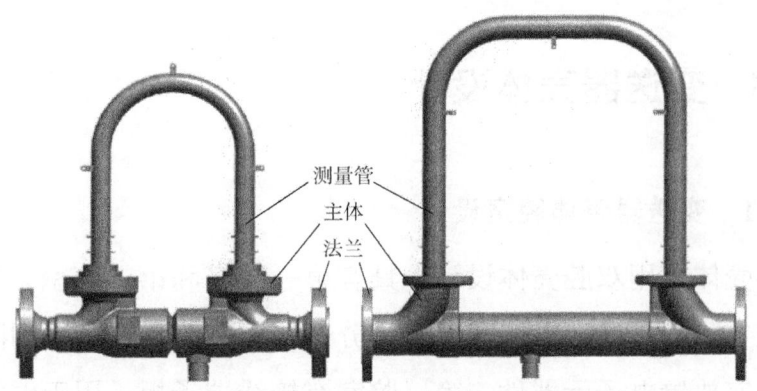

图 3.4　两种不同管径流量计的传感器模型

（3）传感器主体需具备将流体均匀分配给两根测量管的能力。

3.1.4　传感器罩壳设计

传感器罩壳通过氩弧焊焊接在主体上，将测量管、信号检测器和振动驱动装置牢固地密封起来，内部充以惰性气体氮气，一则保护内部元器件；二则可防止外部潮湿气体进入，在测量管外壁冷凝结霜，降低测量准确度。

传感器罩壳设计原则主要有以下两方面：

（1）传感器罩壳振动频率应尽可能地错开测量管振动频率，避免传感器罩壳与主体焊接后发生共振，影响质量流量计正常工作；

（2）传感器罩壳设计应尽可能美观。

如图 3.5 所示为采用标准不锈钢钢管及弯头进行拼焊的方式进行设计的传感器罩壳。

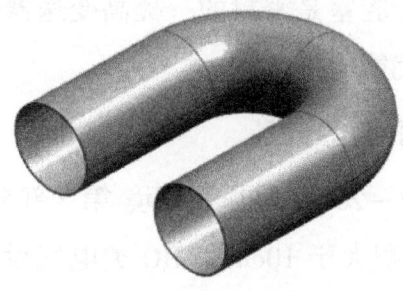

图 3.5　传感器罩壳模型

3.1.5 变送器壳体设计

3.1.5.1 变送器壳体腔室设计

变送器壳体采用双腔壳体设计,具有第一腔室和第二腔室,如图3.6所示。两个腔室除了其间的电馈通之外是分开的,两腔室之间采用隔爆螺纹密封,第二腔室放置电子元器件,第一腔室有接线端子板,用于电源、信号线连接,或是导线的现场接线。

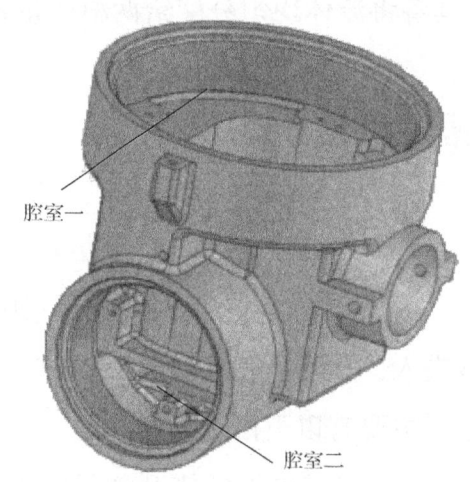

图3.6 变送器壳体模型

采用双腔室设计的目的有以下三点:

(1) 现场接线与电子元件隔离,防止电子元件腔内进入异物或其他干扰;

(2) 第一腔室和第二腔室是密封的,提高变送器壳体耐用性;

(3) 提高抗电磁干扰能力。

3.1.5.2 变送器壳体壁厚设计

根据标准 GB 3836.2—2021《爆炸性环境 第2部分:由隔爆外壳"d"保护的设备》中规定:对于容积大于 $10cm^3$,IIC 类电气设备,静压需满足 2MPa,至少 10s 外壳无泄漏。

可以对变送器壳体进行静力学有限元分析。在对变送器壳体进行静力学有限元分析时,不仅要确保最大应力小于材料抗拉强度以验证强度满足设计要求,还应考虑工作条件下的不同应力情况,如热应力、振动等。通过详细分析变送器在实际工作环境中可能遭受的各种力和应力,可以更全面地评估其结构的强度和稳定性。

此外,可以在模拟中引入不同工况下的加载条件,如温度变化、外部振动等,以更全面地了解变送器壳体在复杂工作环境中的性能。这种扩展的有限元分析不仅有助于验证设计的强度,还能提供关于变送器壳体在多种工作条件下的寿命和可靠性的更深层次的信息。

另一方面,对变送器壳体进行耐压测试是确保其在额定工作压力下安全可靠运行的有效手段。通过模拟变送器在实际使用中承受的压力,可以验证其抗压性能,并确保在极端条件下不发生永久性变形或损坏。这样的综合验证方法可以更全面地评估变送器壳体的强度,从而提高其在工业应用中的可信度和安全性。

3.1.5.3 变送器壳体隔爆结构

(1) 防爆接合面。

根据标准 GB 3836.2—2021《爆炸性环境 第2部分:由隔爆外壳"d"保护的设备》中规定:圆筒部分止口接合面,ⅡC类外壳接合面最小宽度 12.5m,最大间隙 0.15mm。

图 3.7 即为某合格变送器壳体防爆接合面尺寸图。

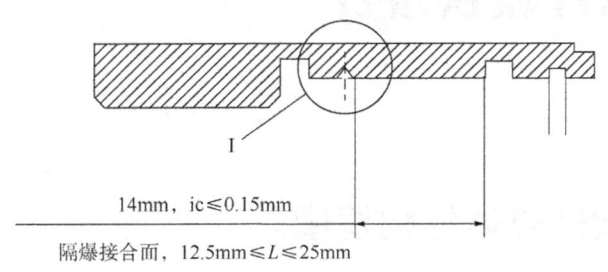

图 3.7 隔爆接合面尺寸图

(2) 防爆螺纹。

根据标准 GB 3836.2—2021《爆炸性环境 第 2 部分：由隔爆外壳"d"保护的设备》中规定：隔爆螺纹螺距大于 0.7mm，啮合扣数大于 5，啮合深度大于 8mm。

图 3.8 为某合格变送器壳体隔爆螺纹尺寸。

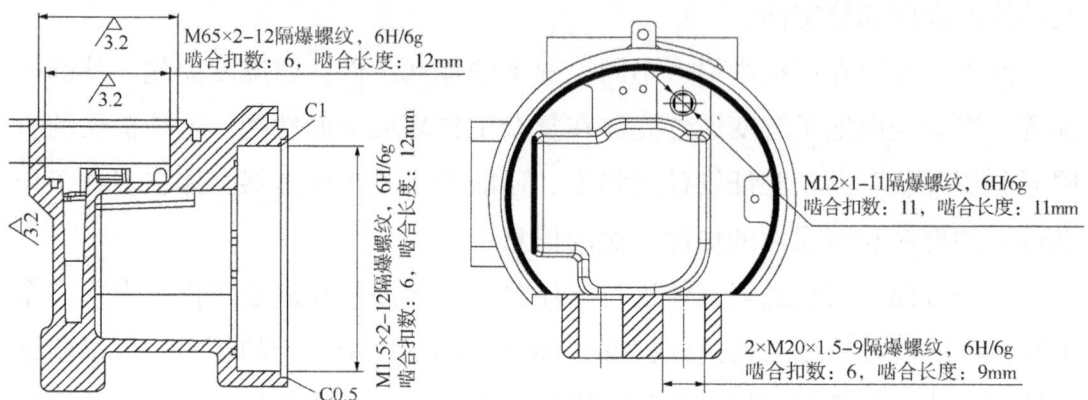

图 3.8　防爆螺纹尺寸图

3.1.5.4　变送器壳体防护等级

变送器壳体采用硅胶圈密封，浸泡在 1m 深水中 30min，腔室内无水渍。满足 BS EN60529 外壳防护等级规定的 IP67 防护等级，其中第一个数字 6 要求达到尘密（无尘埃进入），第二个数字 7 要求防浸水影响（当电器浸入规定压力水中经过规定时间后，电器的浸水量应不致达到有害影响）。

3.2　软件模块设计

3.2.1　软件总体结构框图

质量流量计变送器软件结构框图如图 3.9 所示，主程序中运行喂狗、通信接口处理、监控、参数存储、诊断、温度测量等功能。流量计算、密度计算等计量相关程序在中断函数中运行。

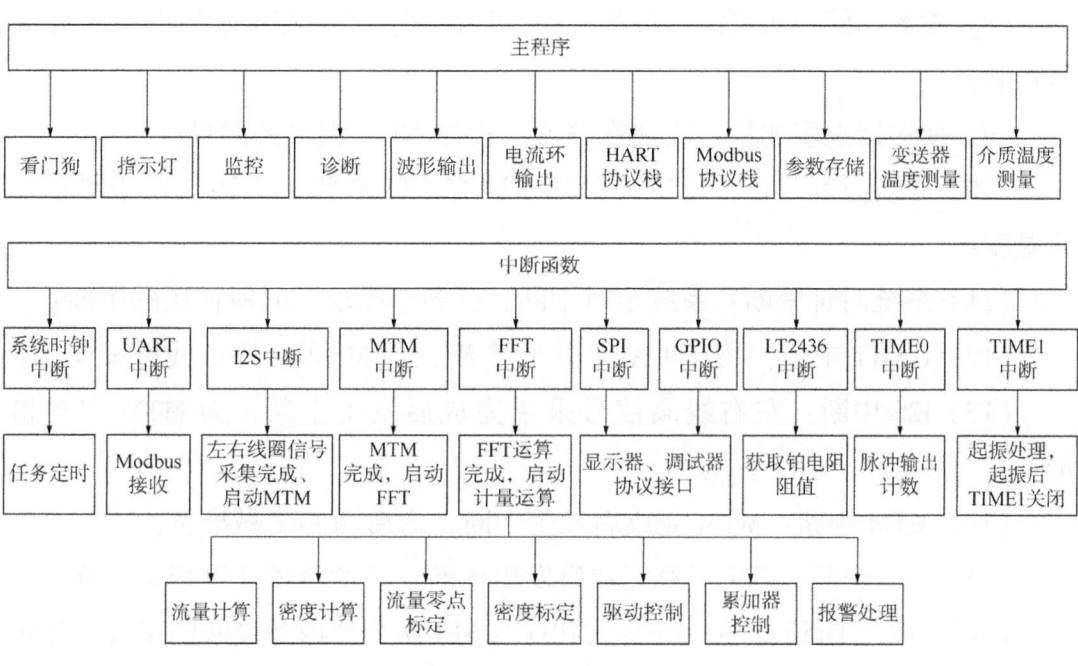

图3.9 软件总框图

各个模块功能概述：

（1）看门狗处理模块：在程序执行时，定期对主板上的看门狗芯片执行喂狗指令。防止软件系统跑飞，增加了软件系统运行的可靠性及容错率；

（2）指示灯处理模块：根据系统不同的状态进行不同的状态指示，由此可快速判断系统的状态；

（3）监控处理模块：定时或当某些事件发生时，存储系统的关键参数，形成系统状态历史记录，方便系统后续进行改进与问题分析；

（4）波形输出接口模块：测量变量输出及控制功能；

（5）电流环输出接口：对外输出4~20mA电流信号，与Hart模块搭配，可实现数字通信，同时输出多个变量；

（6）Hart协议栈：与电流环接口配合使用，在电流环路中实现数字化通信，可同时输出多个变量，支持Hart7.5版本协议；

（7）Modbus协议栈：配合UART串口实现数字化通信，通信速度快，可靠性高，可输出变量多；

（8）参数存储；实现组态参数存储、法制相关参数存储、实时参数存储等功能；

（9）变送器温度测量：实现变送器主板与 MCU 温度的测量；

（10）介质温度测量：传感器内部安装有 PT100 温度电阻，用于测量介质温度；

（11）系统时钟中断：系统定时中断，是各个模块定时所使用的中断；

（12）UART 中断：用于 UART 接收中断，与 Modbus 协议栈搭配使用；

（13）I2S 中断：左右线圈信号采集完成后发生中断，为 MTM 启动做准备；

（14）MTM 中断：MTM 完成后发生中断，为启动 FFT 做准备；

（15）FFT 中断：FFT 运算完成后发生中断，启动流量计量相关运算；

（16）SPI 中断和 GPIO 中断：GPIO 与 SPI 两个片内外设共同组成了显示器及调试接口，通过该接口可进行参数读取与配置，该接口与 RS485 接口相比，传输速度更快；

（17）LTC2436 中断：传感器上的温度电阻 PT100 信号采集完成后发生中断，准备进行温度计算；

（18）TIME0 中断：波形输出中断，系统每发送一个脉冲则产生一次中断，用于脉冲计数；

（19）TIME1 中断：用于传感器起振控制，起振后 TIME1 关闭。

3.2.2　重点模块功能设计思路

3.2.2.1　流量测量

科里奥利质量流量计(简称科氏力流量计)是一种利用流体在振动管中流动而产生与质量流量成正比的科里奥利力的原理来直接测量质量流量的仪表。当有介质流过，变送器将左、右检测线圈感应到的信号，由放大电路放大后，经 24 位高精度、模数转换芯片 PCM1808，传输给 DSP 进行 FFT 变换。经过运算后得到两路检测信号的相位差。由于科氏力的存在,流量大小与信号产生的相位差成正比,根据该原理计算出流量。

流量计算的特征方程为:

$$Q = K\Delta t \tag{3.1}$$

式中　Q——瞬时流量;

　　　K——流量标定系数;

　　　Δt——两路检测信号的流量时间差。

流量计算流程图如图 3.10 所示。

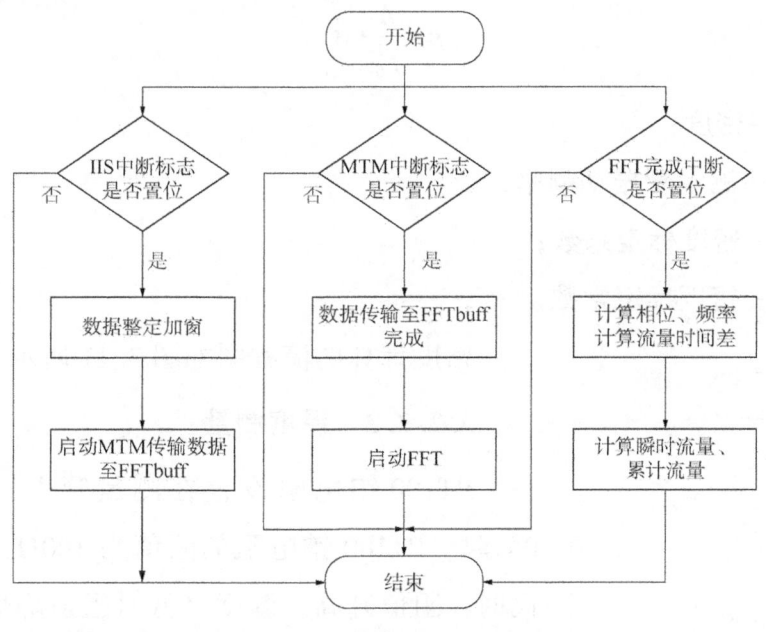

图 3.10　流量计算流程图

3.2.2.2　密度计算

由于流量管内介质体积固定不变,这导致介质质量的改变只能通过调整介质密度来实现。这密切关联的质量与密度之间的关系使得在科里奥利传感器中,当流量管充满介质时,其内的介质质量充当了类似于弹簧的角色。管道的质量和管内介质的质量就相当于弹簧端部加载的质量。虽然流量管的刚性基本上保持不变,但包含在流量管内的固定体积介质质量(即密度)成为影响振动频率的唯一可变因素。

在实际的测量过程中，驱动线圈会激发流量管以其特定的振动频率振动。当过程介质质量增加时，振动频率会下降（因为提高了质量），而当介质质量减少时，振动频率则会升高（因为减少了质量）。这样的振动频率通常以赫兹（Hz）为单位进行测量。值得注意的是，流量管的振动周期是振动频率的倒数。变送器通过测量流量管的周期来推导出介质的密度，提供了一个可靠的手段来监测流体的质量变化。

密度计算的特征方程为：

$$\rho = \frac{A}{f_0^2} + B \tag{3.2}$$

式中 ρ——密度；

f_0——测量管振动频率；

A——密度标定系数；

B——密度标定常数。

密度计算的流程图如图 3.11 所示。

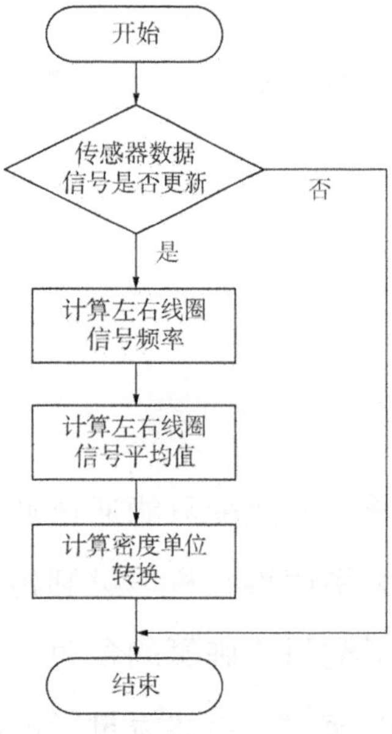

3.2.2.3 温度测量

PT100 铂电阻设置在测量管上，当温度为 0℃时，PT100 铂电阻的阻值为 100Ω，当温度升高时，阻值升高，温度降低时阻值降低，且线性度较好，利用该原理即可测量介质的温度。PT100 电阻连接到 24 位高精度 ADC 芯片 LTC2436 上，通过采集 PT100 的电压，计算出阻值，根据 PT100 阻值与温度的关系，计算出当前温度。

温度计算的特征方程为：

$$T = CR + D \tag{3.3}$$

图 3.11 密度计算流程图

式中 T——介质温度;

R——PT100 电阻值;

C——温度标定系数;

D——温度标定常数。

温度计算的流程图如图 3.12 所示。

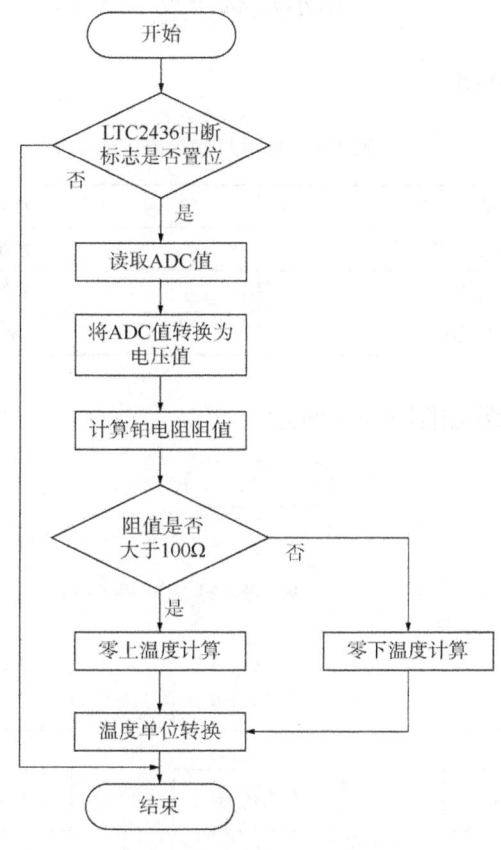

图 3.12 温度计算流程图

3.2.2.4 看门狗处理模块

看门狗处理模块,其主要功能为:在程序执行时,定期对主板上的看门狗芯片执行喂狗指令。防止软件系统跑飞,增加了软件系统运行的可靠性及容错率。该芯片看门狗超时时间为 1.6s。因此,将喂狗程序设置在主函数中,每执行一次主函数则调用喂狗函数一次。

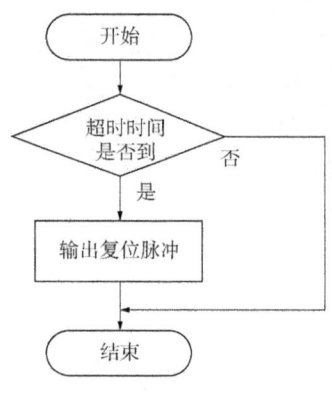

看门狗工作流程图如图3.13所示。

3.2.2.5 指示灯处理模块

指示灯处理模块,其主要功能为:根据系统不同的状态进行不同的状态指示,由此可快速判断系统的状态。

指示灯状态见表3.1。

图3.13 看门狗工作流程图

表3.1 指示灯状态表

指示灯状态	状态表示
绿灯闪烁,红灯熄灭	系统正常
红灯闪烁,绿灯熄灭	系统报警
绿灯常亮,红灯熄灭	标定中

指示灯工作流程图如图3.14所示。

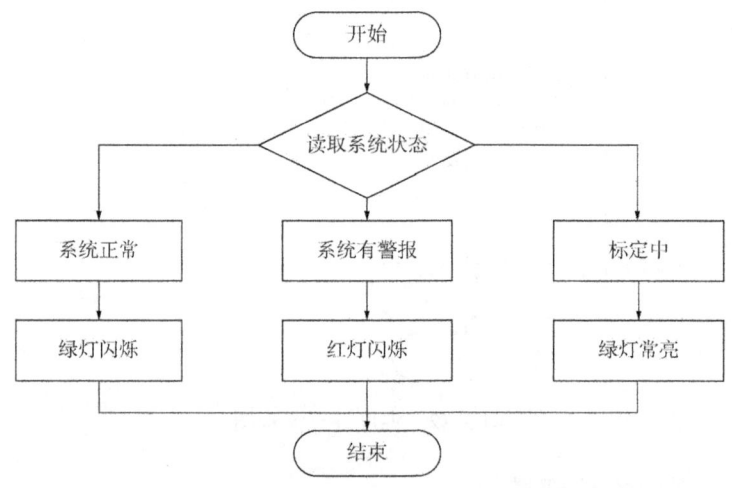

图3.14 指示灯工作流程图

3.2.2.6 报警

报警分为严重报警及一般报警两种,系统每过一段时间,会通过标志位或参数范围检查系统运行状况。当标志位或参数值达到报警条件时,则对应报警位置(表3.2)。

表 3.2　警报详解

严重报警	一般报警
bit0：传感器未起振	bit0：事件 1 报警
bit1：温度超限	bit1：事件 2 报警
bit2：流量超限	bit2：事件 3 报警
bit3：密度超限	bit3：事件 4 报警
bit4：增益超限	bit4：调零中
bit5：输出频率超限	bit5：温度标定中
bit6：存储器故障	bit6：密度标定中
bit7：传感器振动异常	bit7：浓度标定中
bit8：流量计主板故障	bit8：检定预警
bit9：停止计量	
bit10：参数检查失败	
bit11：调零失败	

报警工作流程图如图 3.15 所示。

3.2.2.7　监控处理模块

监控处理模块，其主要功能为：定时或当某些事件发生时，存储系统的关键参数形成系统状态历史记录，方便系统后续进行改进与问题分析。

其工作流程图如图 3.16 所示。

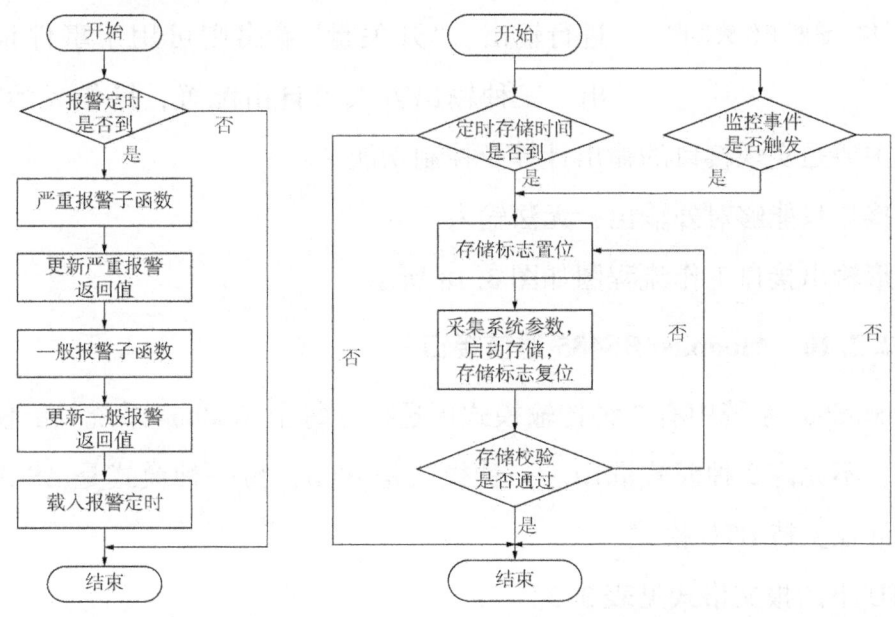

图 3.15　报警工作流程图　　图 3.16　监控工作流程图

3.2.2.8 诊断处理模块

诊断处理模块，其主要功能为：系统检测传感器、变送器各个模块的状态，根据状态诊断模块的好坏发出预警信息，协助现场人员对流量计的故障进行排查。诊断的具体内容有：

（1）传感器诊断：驱动线圈发送测试信号，检测线圈检测响应，根据响应判断线圈状态。

（2）变送器诊断：DSP 检测变送器上核心芯片是否工作正常被检的器件有，电流环输出芯片、Flash 存储器、接口转换芯片。

诊断工作流程图如图 3.17 所示。

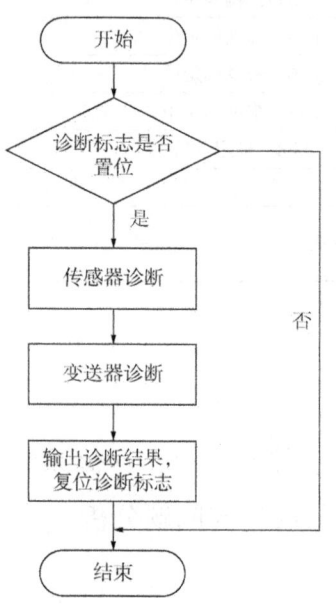

图 3.17 诊断工作流程图

3.2.2.9 波形输出接口

波形输出接口模块包括脉冲、频率、开关量三种输出方式。其中"脉冲"输出是根据累计量进行输出。"频率"则是根据测量过程变量的瞬时值进行输出。"开关量"输出则可用于事件报警输出。三种输出方式可自由配置，操作灵活方便。该模块主要是实现接口的输出计算及控制功能。

该接口只能够对外输出，无法输入。

波形输出接口工作流程图如图 3.18 所示。

3.2.2.10 Modbus/RS485 通信接口

在 Modbus 系统中有 2 种传输模式可选择。每个 Modbus 系统只能使用一种模式，不允许 2 种模式混用。一种模式是 RTU，另一种模式是 ASCII，目前流量计仅支持 RTU 模式。

RTU 下的报文格式见表 3.3。

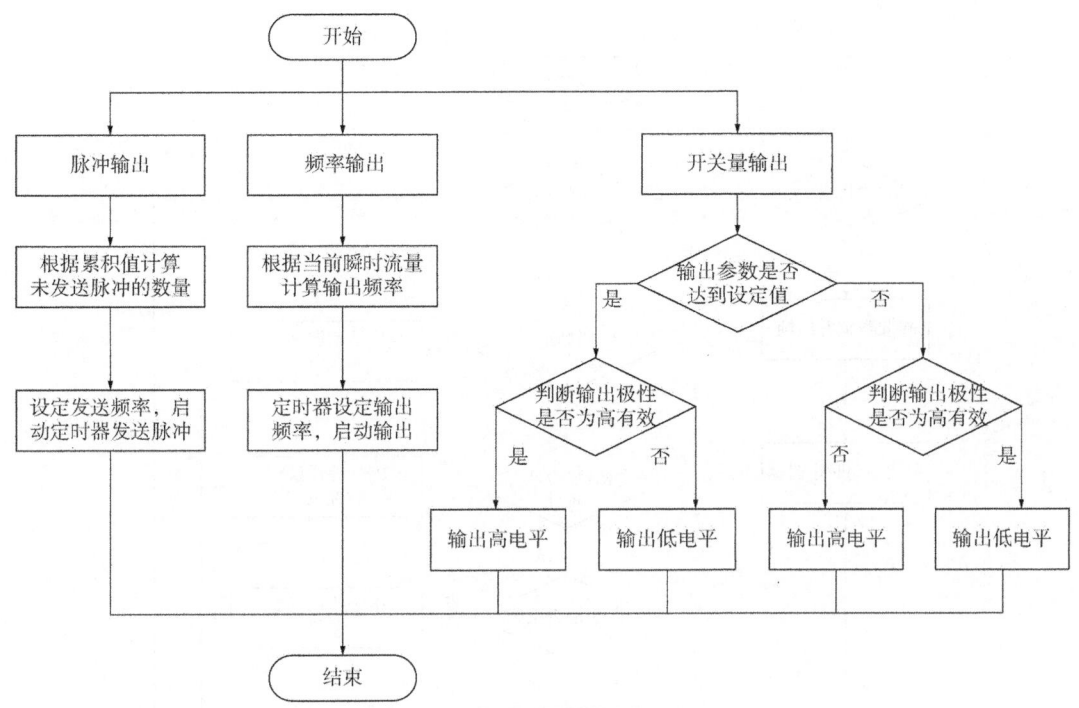

图 3.18 波形输出工作流程图

表 3.3 RTU 报文格式

起始	Modbus 报文				结束
	地址	功能码	数据	CRC 校验	
不小于 3.5 个字符	8 位	8 位	N×8 位	16 位	不小于 3.5 个字符

Modbus 通信接口工作流程图如图 3.19 所示。

3.2.2.11 HART/电流环通信接口

HART 协议又称为混合协议，是因为它将模拟量和数字量通信相融合。它既支持 4~20mA 模拟信号的单变量通信，也可以将附加信息以数字信号的方式进行通信。数字信息以 FSK 调制方式加载在标准的 4~20mA 电流回路上。

通过采用滤波技术，可以从模拟信号中去除掉数字信号，数字信号并不会影响模拟信号的传输。因此，HART 协议最突出的特点是：数字通信与模拟信号 4~20mA 兼容，传输的信号用调制后的正弦信号叠加在 4~20mA 的模

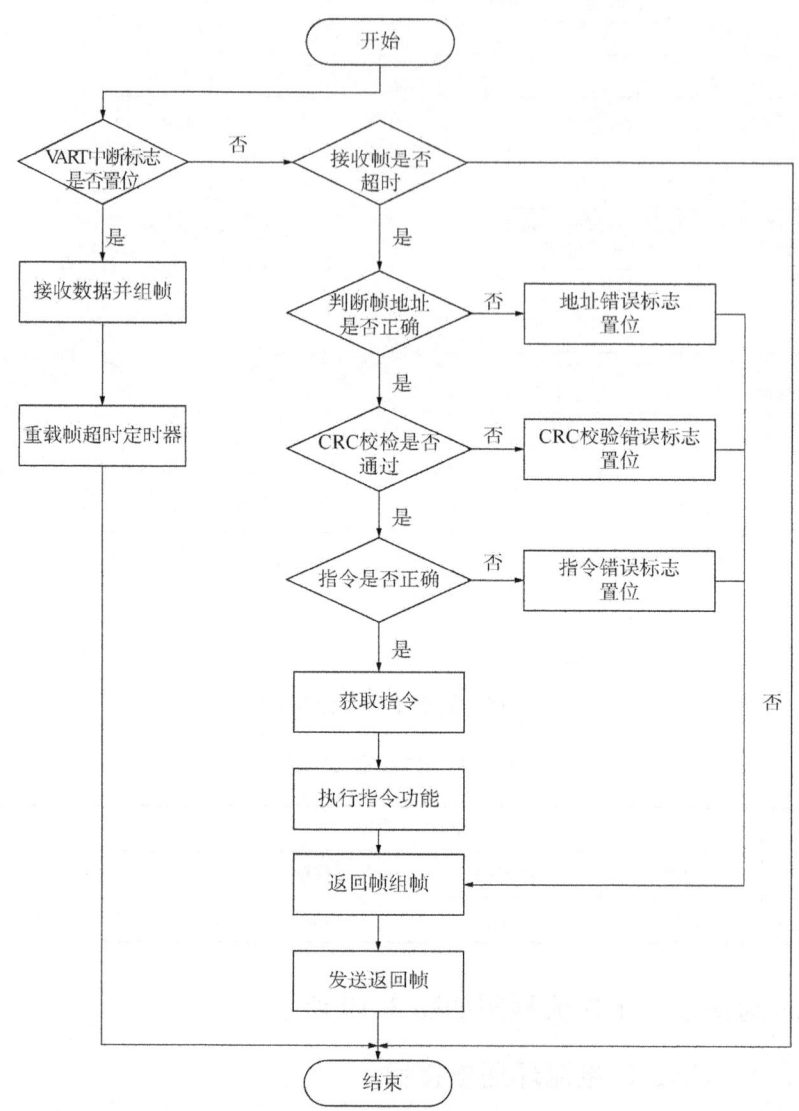

图 3.19 Modbus 接口工作流程图

拟信号上。该协议基于 Bel1202 通信标准的频移键控 FSK 技术。它在 420mA 的模拟信号上叠加幅度为 0.5mA 的正弦电流调制波信号。

由于正弦信号的平均值为 0，所以 HART 通信协议虽然有 0.5mA 信号调制于 4~20mA 信号之上，却不影响 4~20mA 的平均值。因为 1200Hz 表示逻辑"1"决定了 HART 的通信传输速率是 1200bit/s。

HART/电流环工作流程如图 3.20 所示。

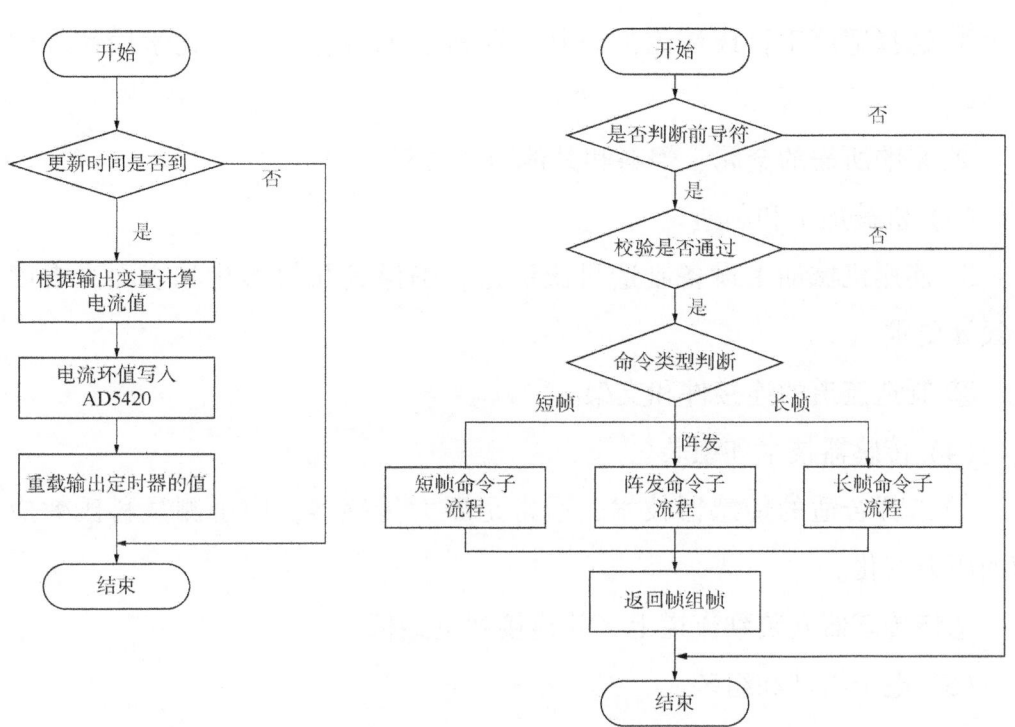

图 3.20　HART/电流环工作流程图

3.3　质量流量计制造

科氏质量流量计通常采用科氏效应进行测量。科氏效应是指流体通过特殊形状的流道时，会在流道两侧产生一种特殊的压力分布，从而可以通过测量这种压力分布来确定流体的质量流量。

科氏质量流量计的制造主要通过以下的一些关键步骤来实现。

(1) 设计阶段。

① 确定科氏流道的几何形状，以产生科氏效应。

② 设计传感器安装位置和电子元件的布局。

(2) 材料选择与采购。

① 选择适用于科氏流道的材料,通常要求具有一定的化学惰性和耐腐蚀性。

② 采购所需的金属、塑料和其他制造材料。

(3) 机械加工和制造。

① 使用机械加工设备制造科氏流道,确保其几何形状和表面光滑度符合设计要求。

② 制造流道的连接件和支架。

(4) 传感器技术和组装。

① 选择合适的传感器技术,通常是压力传感器,用于测量科氏效应引起的压力变化。

② 将传感器安装到流道上,并连接到电路板。

(5) 电子组件和组装。

① 设计和安装电路板,包括处理器、放大器和数据转换器。

② 连接传感器到电路板,确保信号的准确转换和处理。

(6) 校准和测试。

① 进行流量计的校准,以确保测量结果的准确性和可靠性。

② 在不同流量和温度条件下进行测试,验证流量计在各种工况下的性能。

(7) 质量控制和认证。

① 实施质量控制程序,对制造过程进行检查和验证,确保产品符合标准要求。

② 取得必要的认证,如 ISO 质量认证。

(8) 文档可追溯性。

① 记录制造过程中的各个步骤和测试数据,建立产品追溯系统。

② 编制装配说明书、测试报告和质量控制文件。

(9) 包装和发货。

① 采用适当的包装，确保产品在运输中不受损坏。

② 安排发货，并跟踪产品运输过程，确保按时送达客户。

科氏质量流量计的制造过程需要对科学原理和工程技术有深刻的理解，以确保最终产品的精度和稳定性。同时，不断地研发和创新也是推动科氏质量流量计技术进步的关键。

3.4 零点和零点稳定度

线性和重复性作为流量仪表的两个关键指标，对科氏质量流量计的性能和测量准确性至关重要。零点漂移是科氏质量流量计重复性评估的关键因素，直接影响着测量结果的可靠性和稳定性。

科氏质量流量计基于科里奥利力原理，其中测量管在驱动线圈的作用下产生频率振动。当被测流体通过测量管时，其流动方向与振动方向垂直，导致科里奥利力的产生。根据理论力学，科里奥利力会使得测量管产生扭转角，该角度的大小与流过测量管的质量流量成正比。因此，科氏质量流量计通过测量扭转角来实现质量流量的准确测量。

调零是科氏质量流量计的一个关键步骤，用于确保流量计在零流量时响应正确。然而，即使调零了，仍然存在零点漂移的现象。理论上，零点应该是稳定的，但实际上存在一定的波动范围。这波动范围的大小和变化可能受到多种因素的影响，如温度变化、介质性质变化等。

在检定和现场使用中，对零点漂移的定期监测和校准是确保科氏质量流量计性能稳定的重要步骤。这有助于维护流量计的准确性，确保其在实际应用中可靠地提供准确的质量流量测量。

科氏质量流量计零点漂移的多因素性质使其在实际应用中更为复杂。管道振动是其中一个重要的原因，特别是在工业环境中，设备运行和周围环境的振动可能导致管道振动，进而影响科氏质量流量计的零点稳定性。管道应力和扭曲也可能由于安装不当或外部力的作用而引起，进而影响流量计的零点准确性。

液体中的固体颗粒或气泡也是零点漂移的潜在来源。这些杂质可能影响测量管的运动，导致零点偏移。此外，流体的温度、密度和黏度的变化也是影响零点稳定性的重要因素。温度的波动可能导致流体性质的变化，从而对流量计的零点产生影响。

为了确保科氏质量流量计的准确性和稳定性，不仅在流量标准装置上对其进行检定时要保持高标准，而且在现场使用时，必须按照制造厂的规定进行安装和调试。在检定后，流量计在现场安装时可能会受到新的环境条件的挑战，因此需要重新进行零点调整，以确保其在实际操作中能够提供可靠的测量结果。这些步骤的严格执行有助于最小化零点漂移对测量准确性的影响。

零点漂移来自流量传感器部分，主要原因有：

（1）机械振动的非对称性和衰减。

（2）流体的密度、黏度变化。

影响前者的因素有：

（1）管端固定应力的影响。

（2）振动管刚度的变化。

（3）双管谐振频率不一致性。

（4）管壁材料的内衰减。

后者影响零位的原因是结构不平衡，因此即使在空管时将双管的谐振频率调整一致，到充满液体时也可能产生零点漂移，同样因黏度引起的振动衰减与频率有关，在流动时亦可能产生零点漂移。

调零必须在安装现场进行，流量传感器排尽气体，充满待测流体后再关闭传感器上下游阀门，在接近工作温度的条件下调零。安装方面变动或温度大幅度变化时需要重新调整。

首先将流量计正确安装并充分预热,使其在50%以上流量下运行一段时间,一般不少于10min,排出气泡并使测量管内充满待测流体,然后关闭流量计的出口阀和入口阀。通常会发现在这种静止状态下,流量计会显示一个小的瞬时流量,这就是科氏质量流量计的零点漂移。最好定期检查科里奥利流量计的零点。

3.5　工作介质

质量流量计其工作介质通常涵盖了各种气体和液体。质量流量计的选择通常取决于所测量介质的物性,以及应用的具体要求。以下是质量流量计常见的工作介质:

气体:质量流量计可以用于测量各种气体的质量流量,包括但不限于空气、氮气、氢气、氧气等。在工业、实验室和能源行业中,对气体流量的准确测量非常关键。

液体:质量流量计也可以用于测量液体的质量流量,如水、石油、化工原料等。在化工、石油和食品行业等领域,对液体流量的准确监测是生产过程中的重要参数。

蒸汽:一些质量流量计还适用于测量蒸汽的质量流量。这在许多工业过程中都是关键的,特别是在能源生产和化工工艺中。

多相流:在一些应用中,液体和气体的混合物也被称为多相流。质量流量计可以应对这种复杂的介质,提供准确的质量流量测量。

腐蚀性介质:一些质量流量计设计用于测量腐蚀性介质,例如具有酸性或碱性的液体,在这种情况下,仪器通常使用耐腐蚀材料来确保长期稳定性和可靠性。

3.5.1 测量气体流量

在质量流量计应用中,气体流量的测量确实面临一些挑战,主要与气体的低密度及所需的高压和高流速有关。这使得在实际工程中确保仪表在各种操作条件下的准确性变得更为复杂。

对于某些质量流量计,特定的工作条件是必须满足的。以某质量流量计为例,当流量达到最大值时,需要极高的绝对压力和气体流速,这在实际操作中可能需要特殊的工程措施。即使在最小流量下,仍需要相对较高的流速,这也增加了操作和维护的难度。

一些仪表还规定了气体密度的下限,这是为了确保测量的准确性。例如,Heinnchs 公司的 TH 系列规定了 $2kg/m^3$ 的气体密度下限,而对于测量空气流量,所需的绝对压力也有相应的要求。这表明在测量气体流量时,除了流速和压力的要求外,对气体的物性也需要进行严格地控制。

值得注意的是,同一仪表用于测量气体和液体时性能可能存在一些差异。虽然科氏质量流量计通常不要求使用气体进行校验,但实际上,仪表在测量不同介质时的常数可能会有一些差异。这可能需要在使用时进行相应地校正和调整,以确保在不同工况下都能够提供准确可靠的测量结果。

因此,虽然质量流量计在气体流量测量中面临一些挑战,但通过合理的工程设计和校准措施,仍然可以在各种工况下获得可靠的质量流量测量。

3.5.2 测量含有气体的液体

在实际应用中,制造厂通常宣称液体中百分之几体积比的游离气体对测量值的影响较小。这主要适用于测量气泡较小且分布均匀的液体,例如冰淇淋和类似的乳化液,因为在这些情况下,游离气体的存在对测量结果的影响相对较小。

然而,意大利计量院对七种型号的科氏质量流量计进行的含气量影响实验表明，当液体中含有1%（体积比）的气泡时，不同型号的仪表表现出不同的误差水平。有些型号显示出明显的误差，范围在1%~2%之间，而其中某一双管直管式型号的误差甚至高达10%~15%。当含气泡达到10%时，误差普遍增加到15%~20%，甚至个别型号高达80%。

另外，Danfoss公司的实验也得出了类似的结论。他们发现，当液体中含有0.3%的气泡时，仪表仍能保持原有的精确度。然而，当含气量增加到5%时（在常压下），仪表的误差可能达到10%。此外，流体的压力、流速、黏度，以及气液混合方式等因素也会对测量结果产生不同的影响。

因此，尽管在某些情况下游离气体的存在可能对测量值产生较小的影响，但在高含气量的情况下，不同型号的仪表可能表现出显著的误差。在实际应用中，需要根据具体情况选择适当的仪表，并考虑流体的各种参数对测量结果的潜在影响。

3.5.3 测量含有固体的液体

在实际应用中，针对含有固体的液体流量测量，科氏质量流量计的选择至关重要，特别是当涉及固体含量较高、具有强磨蚀性或者是软固体的情况，例如食品汤汁中的蔬菜块。在这些情况下，根据流体的特性选择适当类型的测量管对于确保准确的流量测量至关重要。

当液体中含有较多固体或者是软固体时，需要特别注意避免选择测量管内径比名义管径小得多的仪表，以防止可能的堵塞问题。最佳的选择是采用单管形或者双管形中的串联形，因为使用双管形中的并联形可能会导致分流器上黏附杂物，改变二路分流量，进而产生测量误差。更为严重的情况是，一路堵塞可能不会立即被发现，影响整体流量的准确性。

在测量强磨蚀性的浆液时同样存在堵塞的问题，而且分流管的磨蚀不均匀也可能改变原来得到的分流比。因此，不推荐选择双管并联形。相反，最好采用单直管形状测量管，因为这种设计管壁较厚，可以减缓磨蚀的发生。

复杂的测量管形状可能导致管壁磨蚀不均匀，因此选择形状简单的科氏质量流量计是一个更可靠的选项。

在选择适当的科氏质量流量计时，需要全面考虑液体的性质、固体含量、流体特性，以及可能的堵塞和磨蚀问题，以确保流量测量的稳定性和准确性。

3.6 工作环境

通常仪表制造厂的样本和使用说明书等技术文件声称科氏质量流量计的测量性能不受流体的温度、静压、密度、黏度变化影响，然而随着用户日益增加应用经验，感到并非完全如此。

3.6.1 温度影响

当考虑温度对振动管的影响时，需要认识到介质温度或环境温度的变化对测量振动管的杨氏模量和零点漂移等多个因素产生影响。许多型号的仪表通过电子线路对杨氏模量的温度系数进行补偿，以减少其对测量精度的影响。然而，零点漂移是由振动管的几何形状和结构的非对称性造成的，它是一种无法被修复的影响，因此难以降低或消除。

需要指出的是，杨氏模量的温度系数是一个统计量，受测量管材料批号和热处理等工艺因素的不一致性影响，可能存在一定幅度的变化范围。这可能导致温度补偿不足或过度，很难完全将其补偿为零。因此，制造厂提供的流体工作温度范围是根据仪表材料结构等因素来确定的，这并不意味着在该范围内仪表的性能会保持在常温下的校准水平。

为了更好地理解和控制温度对仪表的影响，用户可能需要注意温度变化对材料性能的影响,以及这些影响可能对仪表的测量精度和稳定性造成的影响。对于特定应用,可能需要考虑定期校准或调整仪表以确保其在不同温度条件下的准确性和可靠性。

3.6.2 压力影响

当液体静压增大时,会导致测量振动管出现绷紧现象,同时弯曲管还会表现出布登管效应,进而引发一个负向偏差。这两种压力效应虽然在数量上影响较小,但若在使用时静压与校准时的差异极大,对于高精度仪表来说,其值仍然是不容忽视的。压力影响的大小主要取决于测量管的管径、壁厚,以及形状。

值得注意的是,小口径仪表由于壁厚相对于管径较大,因此其受压力影响的程度相对较小。相比之下,大口径仪表的壁厚与管径的比例相对较小,因此它们在受压力影响时所产生的影响量更为显著。

在实际应用中,如果液体静压与校准时的压力相差较大,对于需要高精度测量的情况,特别需要注意这些微小的压力效应。为确保仪表的准确性和可靠性,需要认真考虑静压变化可能带来的影响,并可能需要定期校准或调整仪表以适应不同的工作环境和压力条件(表3.4)。

表 3.4 压力影响表

静压/MPa		2.0	2.4	2.8
流量测量误差/%	平均值	-2.21	-3.25	-3.75
	最小值	-1.57	-2.55	-2.60
	最大值	-3.15	-4.00	-4.56

注:以校准时压力为基准。

3.6.3 密度影响

虽然以前普遍认为科氏质量流量计不受介质密度变化的显著影响,但近年来的多方实验证明，在实际应用中仍存在一定的密度影响。

在一些实验中，观察到的误差小于±0.5%，这表明虽然密度影响存在，但其影响水平相对较小。这也提示在实际使用中，仍可在一定范围内接受这一误差。

需要注意的是，流体的密度是受温度和压力等因素的共同影响的。在不同的工作条件下，温度和压力的变化可能导致介质密度发生变化，从而引起质量流量计的测量误差。为了更准确地衡量流量，特别是在涉及不同工况的情况下，可能需要考虑密度变化的校正或使用补偿因子。

因此，在实际应用中，尤其是对于对测量精度要求较高的场景，可能需要采取一些额外的措施，如定期校准仪器或引入密度补偿来确保流量计的性能在不同工作条件下都能够保持准确可靠。这种细致地注意和处理密度影响的方法可以帮助提高科氏质量流量计的可靠性和精确性。

3.6.4 黏度影响

在高黏度环境中，科氏质量流量计的性能可能受到更多复杂因素的影响，需要更深入地了解其在这种条件下的行为。首先，高黏度的流体往往表现出更大的阻力，这可能导致流量计所受的液体阻力明显增加。这些阻力的变化可能超出了原设计的预期范围，从而影响流量计的准确性。

在应对高黏度液体的挑战时，一些流量计可能需要额外的修正或采取特殊设计以适应这种环境。这可能包括调整传感器的灵敏度、优化流体动力学设计或引入额外的校正因子，以确保流量计在高黏度条件下依然能够提供可靠的测量结果。

此外，需要注意的是，高黏度的液体在流动开始时可能吸收更多科里奥利系统的能量。这一现象可能导致某些结构设计的科氏质量流量计在流动启动时经历短暂的振动停止，直到流体完全正常流动。对于这种暂时的振动停止，工程师可能需要考虑其对测量的潜在影响，并采取相应的措施，例如调整流量计的启动阈值或在设计中引入防护措施，以确保流量计在所有工作阶段都能够稳定可靠地运行。

3.7 工作压力范围

在实际应用中，了解不同类型的质量流量计的工作压力范围至关重要，因为这直接关系到它们在各种工业环境中的适用性和性能表现。具体而言，可以进一步深入探讨每种质量流量计类型的工作特性，以及在特定压力范围内的适用性。

热式质量流量计，作为一种常见的类型，通常在 0~7MPa 或更高的压力范围内运行。其工作原理涉及测量流体对热敏元件的传热情况，因此在较高的工作压力下依然能够提供可靠的测量。工程师们在选择和使用时需要确保其所处的工作环境不超过其设计的最大压力范围，以保证流量计的稳定性和准确性。

超声波质量流量计具有更广泛的工作压力范围，通常可以达到数百至数千兆帕。这使得超声波质量流量计成为适用于高压工业流程的理想选择。然而，同样需要注意的是，实际工作中的条件和环境可能对其性能产生影响，因此在高压条件下的长期稳定性需要特别关注。

涡街质量流量计的典型工作压力范围为 1~20MPa 或更高。这种类型的流量计通过测量液体流过涡轮时产生的旋涡来进行质量流量测量。在较高的工作压力下，涡街流量计的结构和材料需要经过精心设计，以确保其在高压环境下的稳定性和可靠性。

电磁质量流量计在一般工业流程中的较高水平工作，其工作压力范围可达到数千兆帕。这种流量计通过测量电磁感应产生的电势来确定流体流量。在高压工业应用中，电磁质量流量计通常能够表现出色，但仍需要根据具体工作条件选择合适的型号和配置。

科氏质量流量计的工作压力范围是其在工业领域中广泛应用的重要特征之一。其设计能够适应多样的压力条件，使其在不同工业环境下都能提供可靠的流量测量。

这种类型的流量计通常具有出色的工作适应性，其典型工作压力范围可以覆盖从常压到几百兆帕的广泛范围。这种广泛的压力容忍性使得科氏质量流量计在多种行业中得到广泛应用。

在高压应用方面，科氏质量流量计发挥着关键作用。它们在石油和天然气开采、化工，以及制药等领域中广泛使用。一些特定型号的科氏质量流量计甚至能够处理超过1000MPa的极高压环境，为这些行业中的流量测量提供了可靠的解决方案。

此外，科氏质量流量计同样适用于一些低压应用场景。比如，在液化天然气(LNG)和液化石油气(LPG)等领域，科氏质量流量计能够提供高度精确的质量流量测量，确保在这些低压环境下的流体流量控制和监测。

3.8　流量计的压损

流量计的压损是指流体流过流量计及与流量计配套安装的其他阻力件（如阀门等）时所引起的不可恢复的压力值。流量计的压力损失通常用流量计的进口与出口之间的静压差来表示，压力损失随流量的不同而变化。

压力损失的大小是衡量一台流量计测量成本高低的一个重要技术指标。压力损失小，流体能消耗小，输运流体动力要求小，测量成本低。反之流体能消耗大，输运流体动力要求大，测量成本高，经济效益相应降低。人们当然希望流量计的压力损失越小越好。

质量流量计在使用过程中产生的压损主要源于两个方面：一是流体在通过流量计时产生的阻力，二是传感器在测量流体质量和流量时产生的误差。

这些因素都会导致流体压力的变化，从而影响流体的计量精度。

除了上述提到的两个主要源头外，流量计压损还可能受到一些其他因素的影响。其中之一是流体本身的性质，包括流体的黏度和密度。黏度较高的流体在通过流量计时会产生更大的阻力，从而导致更大的压力损失。此外，密度的变化也会影响流体通过流量计时的压力损失情况。

流量计的设计和形式也对压损产生影响。不同类型的流量计，如涡街流量计、电磁流量计等，其结构和工作原理不同，因而在同样流量条件下可能产生不同程度的压力损失。因此，在选择和设计流量计时，需要综合考虑流体性质、流量计类型，以及实际工艺条件等因素，以最小化压力损失，提高测量的经济效益。

3.8.1 计算压损的方法

（1）确定流体物性参数。

在计算质量流量计压损之前，需要了解流体的物性参数，如密度、黏度、压缩性等。这些参数会影响流体的流动特性和传感器测量的精度。因此，需要根据实际情况确定流体的物性参数，以保证计算结果的准确性。

（2）建立数学模型。

根据质量流量计的测量原理和流体物性参数，可以建立数学模型来描述质量流量计的压损情况。数学模型通常包括流体的流动方程、传感器受力方程和变送器输出信号方程等。通过解这些方程，可以得出质量流量计的压损值。

（3）计算压损值。

根据建立的数学模型和已知的流体物性参数，可以计算出质量流量计在使用过程中的压损值。具体计算方法会因不同的质量流量计品牌和型号而有所不同，一般需要借助专业的计算软件或公式进行计算。

3.8.2　降低压损的措施

（1）选择合适的管径和安装位置。

在安装质量流量计时，需要根据实际需求选择合适的管径和安装位置。管径过小会导致流体阻力增大，从而增加压损；管径过大则会影响测量精度。此外，安装位置的选择也会影响压损值，应尽量选择直管段或减少弯头、阀门等部件的数量。

（2）优化管道系统设计。

管道系统的设计对质量流量计的压损有很大影响。通过优化管道系统设计，可以降低流体在管道中的阻力，从而降低压损值。具体措施包括：减少管道弯头、阀门等部件的数量，采用平缓的管道转弯等。

（3）选择合适的测量仪表。

不同品牌和型号的质量流量计在测量精度和压损方面存在差异。因此，在选择测量仪表时，需要综合考虑测量精度、压损值和其他实际需求等因素。可以根据实际情况选择适合的测量仪表，以保证既提高测量精度又降低压损值。

（4）进行定期维护和校准。

定期对质量流量计进行维护和校准可以保证其正常运行和使用寿命。通过定期清洗管道、更换磨损部件等方式可以降低压损值。同时，对传感器和变送器进行定期校准可以保证其测量精度和使用效果。

4　质量流量计的性能测试

本章主要讨论了质量流量计的性能测试方法和技术要求。首先，详细介绍了质量流量计的主要计量性能参数，包括准确度等级、重复性、线性度等，并阐述了这些参数对流量计性能评估的重要性。随后，分别介绍了水标测试和气体测试的原理、步骤及注意事项。通过具体案例分析，展示了如何在不同条件下对质量流量计进行性能测试，确保其在实际应用中的准确性和可靠性。此外，还讨论了降低流量计压损的措施和重要性，为提高流量计的经济性和效率提供了指导。

4.1　概述

为了保证流量计必要的测量精度，必须对流量计进行流量标定和检验。对于各种非标准化的流量计，例如转子、涡轮、电磁等形式的流量计，仪表制造厂在出厂前都要逐个地对流量标尺进行标定。所谓标定，就是采用基准器(包括秤、计量槽和标准流量计)和计时器(要求能显示 1/100s) 同步地对介质流量进行计量，以求得准确的容积流量或质量流量。由此作为标准流量值来确定流量计标尺上各点的刻度值。

在流量计标定的过程中，除了基准器和计时器的使用外，仪表制造厂还会借助先进的校准技术和设备，如精密的传感器和自动化控制系统，以确保标定的准确性和可追溯性。标定过程中，可能会进行多次测量和调整，以获取更为精确的标准流量值。这些标准流量值将用于校正流量计标尺上各点的刻度值，确保流量计在实际使用中能够提供精准可靠的测量结果。

对于已经使用的流量计，定期的检验是至关重要的。随着时间的推移，流量计可能会受到磨损、污染或其他环境因素的影响，从而导致测量误差的增加。通过定期的检验，可以及时发现并纠正流量计的偏差，确保其在工业生产或实验室测试中的可靠性和稳定性。检验的频率和方法通常根据流量计的类型和使用环境而定,以确保对流量计性能的全面监测和评估。

在研制新型流量仪表或进行中间试验时,建立流量试验装置是不可或缺的。这样的试验装置需要满足高精度、高稳定性的要求,以提供可靠的流量标定和性能评估环境。同时,试验装置的精密控制和数据采集系统也是至关重要的,确保对新型流量仪表全面、准确地测试。

流量试验装置可根据不同的原则分类。从流量测量结果获取的方法分类,有动态法及静态法流量试验装置;从流体的测量方式分类,有容积法及质量法(又称称量法)流量试验装置;从流量测量方法分类,有质量单位比较式、液位计式、压力计式及标准体积管式等流量试验装置;从测量流体的介质分类,有水、气、油等流量试验装置。

各种流量试验装置对流量计进行标定和检验得到的一系列数据,都要经过数学处理,去伪存真。

4.2 质量流量计的计量性能

质量流量计的计量性能是评价其测量能力和准确性的关键指标。以下是质量流量计的主要计量性能参数:

(1) 准确度等级。

符合一定的计量性能要求,使其误差保持在规定极限以内的计量器具的等别或级别。

准确度等级是计量器具的最具概括性的特征,它反映了计量器具基本误差和附加误差的极限值,以及其他影响准确度的特性值(如稳定度)。

流量仪表的准确度等级通常在技术标准、计量检定规程或规范等文件中规定。这时对每个等级的流量仪表的计量性能都要做出具体规定,以全面反映该等级流量仪表的准确度水平。

流量计准确度等级及对应的最大允许误差见表 4.1。

表 4.1 流量计准确度等级及对应的最大允许误差

准确度等级	0.15	0.20	0.30	0.50	1.00	1.50	2.00
最大允许误差/%	±0.15	±0.20	±0.30	±0.50	±1.00	±1.50	±2.00

(2) 重复性。

在规定的使用条件下，重复用相同的激励，计量器具给出非常相似响应的能力。也就是在规定的使用条件下，用同一被测流量对流量仪表重复作用时，流量仪表是否能够提供非常接近的示值的能力。

规定的使用条件是指下述的所有条件：

① 由观测者带来的变化减至最小。

② 在相同的地点。

③ 在相同的工作条件下。

④ 在短时间内重复。

同一台流量计或流量控制器的多次、相同流量供给的测量或控制结果，得到的流量数值结果要接近于完全相同；而对于不同流量供给的测量或控制结果，其偏差值要有很好的线性比例关系。

流量计重复性不超过相应最大允许误差绝对值的 1/2。

(3) 线性度。

线性度描述了质量流量计在整个测量范围内输出信号与输入质量流量之间的关系是否是线性的。线性度高表示在不同流量水平下，测量结果与真实值的偏差较小。

(4) 灵敏度。

灵敏度是指仪表的响应变化除以相应的激励变化，是评价瞬时流量计和具有脉冲输出的流量计性能的一个参数，是指流量计对被测流量值变化的反应能力。对于给定的被检流量值，流量计的灵敏度 S 用被测流量变化增量 Δq_v 与流量计指示增量 ΔL 之比来表示：

$$S = \Delta L / \Delta q_v \tag{4.1}$$

灵敏度是指质量流量计对输入信号的响应程度。高灵敏度意味着质量流量计可以检测到小幅度的流量变化。

（5）零点漂移。

零点漂移是指质量流量计在零流量条件下输出信号的变化。稳定的零点漂移对于准确测量低流量是至关重要的。

（6）动态响应。

质量流量计的动态响应能力是指其对流量变化的迅速调整能力。在某些应用中，特别是需要测量瞬态流量变化的情况下，动态响应是一个关键性能指标。

（7）温度效应。

温度变化可能影响质量流量计的性能。温度效应描述了在不同温度条件下，质量流量计测量性能的稳定性。

（8）压力损失。

压力损失是指流体流过流量计及与流量计配套安装的其他阻力件(如阀门等)时所引起的不可恢复的压力值。流量计的压力损失通常用流量计的进口与出口之间的静压差来表示，压力损失随流量的不同而变化。

压力损失的大小是衡量一台流量计测量成本高低的一个重要技术指标。压力损失小，流体能消耗小，输运流体动力要求小，测量成本低；反之流体能消耗大，输运流体动力要求大，测量成本高，经济效益相应降低。

这些性能参数通常在质量流量计的技术规格书或用户手册中有详细说明。制造商通常会在不同工况下对质量流量计进行测试，并提供相关的性能数据，以帮助用户了解和评估设备的可靠性和适用性。

4.3　质量流量计水标测试

水标测试是确保质量流量计性能可靠和准确的一项重要步骤。在进行水标测试时，通常需要考虑一系列因素以确保测试的准确性和可靠性。

环境条件：确保水标测试在适当的环境条件下进行。环境温度、压力和湿度等因素可能会影响水的密度和流动性，因此这些条件需要在测试中被控制或记录。

流体特性：水标测试要求使用与实际应用中的流体相似的介质，通常选择水作为测试介质。然而，需要确保水的物理和化学特性与实际流体尽可能匹配，以保证测试结果的准确性。

流量范围：确定测试流量时，应考虑质量流量计的额定范围。测试流量应该覆盖整个范围，并且测试时应该涵盖各种流量水平，以验证流量计在不同条件下的性能。

校准设备：使用准确且经过校准的设备对质量流量计和水标测试设备进行校准。校准设备的准确性直接影响到测试结果的可靠性，因此它们的选择和维护至关重要。

数据记录：在进行水标测试时，对质量流量计的读数和水的实际质量进行仔细记录。这些数据是分析测试结果、发现问题并进行后续改进的关键。

重复性和稳定性：进行多次水标测试，以验证结果的重复性和稳定性。稳定的测试结果有助于确定质量流量计在不同条件下的性能表现是否一致。

问题解决：如果水标测试的结果与实际质量存在差异，需要进行进一步的问题分析。可能的问题包括传感器漂移、仪器损坏、流体条件不匹配等。解决这些问题是确保流量计准确性的关键步骤。

定期测试：水标测试不仅在质量流量计投入使用时进行，还应该定期进行以验证仪器的性能。这有助于及早发现潜在问题并采取纠正措施。

最终，水标测试是质量流量计管理和维护计划的一部分，旨在确保仪器在各种工作条件下都能提供准确的流量测量。

流量计水标测试工艺要求如下。

(1) 传感器装配。

① 用酒精清洁预装配的传感器测量管表面，装配过程中不能用手直接触摸胶带黏性侧；

② 采用 Kapton-HN 低温胶带：8mm 宽胶带作为沿测量管方向固定线使用，6mm 宽胶带作为测量管圆周方向固定使用；

③ 测量管圆角处每间隔 1cm 增加圆周方向固定，直线段应每隔 7~8cm 圆周方向粘接固定，在线圈支架附近需靠近支架边缘处粘贴；

④ 固定块之间位置因空间狭窄，可以采用多个圆周方向固定；

⑤ 胶带与线接触处的间隙，应用针每隔 1cm 扎小孔排气并用专用工装按压胶带；

⑥ 胶带粘贴应牢固无晃动，与测量管粘接不得有气泡、褶皱，接头平整，线应在胶带中间；

⑦ 左右检测线圈配对阻值误差：±2Ω，驱动线圈可选择无配对的使用；

⑧ 检测磁钢"电压幅值"配对差值不超过 0.5mV；

⑨ 线圈、磁钢装配要求：螺纹涂抹螺纹胶 263；

⑩ 用绝缘电阻表检测 9 色线与主体、线与线绝缘阻值应不小于 50MΩ；

⑪ 通电确认：幅度误差比不大于 5%，空管增益不大于 8%。

(2) 封前测试。

① 将传感器正确安装在水标台上，打开 TF-link 调零观察传感器零点及关键参数。

要求：a. 活零点稳定，无明显漂移趋势；b. 零点波动不大于 200g/min；c. 幅度误差比不大于 5%、增益（空管）不大于 8%。

② 传感器空管工作 5min 以上零点及关键参数满足①中的要求，即可进行通水，通水要求 3min 以上（确保流量稳定，管路无气泡）关闭阀门，采集通水后零点。

要求：a. 通水前后零点偏移不大于 500g/min；b. 零点稳定，无明显漂移趋势。

③ 若通水零点满足要求②即可进行传感器计量性能测试，测试流量点：1800kg/min、900kg/min、360kg/min、33.3kg/min、1800kg/min。

要求：传感器计量误差不大于 1%，重复性不大于 0.5%。

④ 数据上传追溯系统。

（3）罩壳封装。

① 焊接作业按《焊接作业指导书》要求执行。

② 满焊玻璃接头与变送器连接头，焊接平整美观，无气孔等焊接缺陷。

③ 罩壳与主体点焊定位后进行满焊，焊接过程中需通氩气进行保护，焊接要求表面美观，无咬边、气孔、裂纹、焊瘤等焊接缺陷。

④ 罩壳焊接好后，用绝缘电阻表检测 9 色线与主体、线与线绝缘阻值。

要求：a. 9 色线及线与线绝缘阻值不小于 50MΩ；b. 传感器通电无异响，幅度误差比不大于 5%、空管增益不大于 8%。

（4）封后设置。

① 将传感器正确安装在水标台上，打开 TF-link 调零观察传感器零点及关键参数。

要求：a. 活零点稳定，无明显漂移趋势；b. 零点波动不大于 200g/min；c. 幅度误差比不大于 5%、增益（空管）不大于 8%。

② 传感器空管工作 5min 以上零点以及关键参数满足①中的要求，即可进行通水，通水要求 3min 以上（确保流量稳定，管路无气泡）关闭阀门，采集通水后零点。

要求：a. 通水前后零点偏移不大于 500g/min；b. 零点稳定，无明显漂移趋势。

③ 数据上传追溯系统。

（5）传感器检漏。

① 抽真空至 0.12~0.13Pa；

② 流量计无漏点。

（6）充装氮气。

① 充氮气压力 0.03MPa；

② 安装聚四氟垫与锥端螺钉。

(7) 厂内喷砂。

① 喷砂前检查泄压口密封；

② 喷砂前安装法兰堵头；

③ 喷砂均匀。

(8) 表处理。

① 厂内在玻璃接头处灌封 AB 硅胶，厂内安装玻璃接头保护工装，表处理后回厂拆卸；

② 要求表处理厂家表处理前安装法兰堵头，防止酸液进入测量管；

③ 传感器表处理回厂后，利用专用绝缘电阻表及万用表检测传感器绝缘电阻，以及线圈与温度片阻值。

要求：9 色线及线与线绝缘阻值不小于 $50M\Omega$。

(9) 充装氦气。

① 充氦气压力 0.03MPa；

② 更换安装聚四氟垫与锥端螺钉。

(10) 流量计整装。

① 记录装配信息，保证可追溯性；

② 采用绝缘电阻表检测传感器与 9 色线及线与线绝缘阻值，9 色线与主体，以及线与线绝缘阻值不小于 $50M\Omega$；

③ 接线盒灌封 AB 硅胶，AB 硅胶完全凝固，无软化现象；

④ 外观无损伤，接线正确，安装牢固。

(11) 出厂水标。

① 将传感器正确安装在水标台上，打开 TF-link 调零观察传感器零点及关键参数。

要求：a. 活零点稳定，无明显漂移趋势；b. 零点波动不大于 $200g/min$；

c. 幅度误差比不大于5%、增益(空管)不大于8%。

② 传感器空管工作5min以上零点及关键参数满足①中的要求，即可进行通水，通水要求3min以上(确保流量稳定，管路无气泡)关闭阀门，采集通水后零点。

要求：a. 通水前后零点偏移不大于500g/min；b. 零点稳定，无明显漂移趋势。

③ 若通水零点满足要求②即可进行传感器计量性能测试，测试流量点：1800kg/min、900kg/min、360kg/min、33.3kg/min、1800kg/min。

要求：传感器计量误差不大于1%，重复性不大于0.5%。

④ 零点稳定度：通水3min以上，关闭阀门1min以上，连续读取零点值30次，每次间隔10s，计算零点绝对值均值。

⑤ 数据上传追溯系统。

(12) 出厂检验。

① 检验前先通电预热30min；

② 按照《质量流量计变送器检验标准》进行设置与执行；

③ 检查空管零点偏移量绝对值不大于500g/min；

④ 零点稳定，5min内零点无明显漂移趋势；

⑤ 零点波动不大于200g/min；

⑥ 幅度误差比绝对值不大于5%；

⑦ 驱动增益(空管)不大于8%；

⑧ 准确度等级满足1.0级；

⑨ 其他检验标准参照《流量计出厂检验作业指导书》；

⑩ 绝缘阻值不小于50MΩ；

⑪ 订制项目参数按订制要求执行；

⑫ 检验文件上传追溯系统。

(13) 铭牌焊接。

① 铭牌内容清晰无误，焊接位置正确；

② 铭牌方向：进端焊接"铭牌"，出端焊接"传感器参数铭牌"；

③ 铭牌焊接牢固。

4.3.1 水标测试试验装置的组成

水流量试验装置一般由恒压水源、管路系统，标准器、计时器及计时与计量同步的切换机构等部分组成。恒压水源压力是否稳定，是保证试验结果精度的重要因素。管路系统包括试验管路、过滤器、整流器、弯头、阀门等。管路系统必须保证流速均匀，不致产生涡流及脉动和共振等。一般可设置直管段和整流器等来解决。直管段的长短根据标定和检验的要求而定。为使各种流量计都能基本适用，被检仪表前直管段长度可取流量计运行管道直径的30~50倍；被检仪表后直管段长度取直径的10~15倍。为提高流场的稳定性，可加设整流器。通常采用的有整流格子、管束状整流器和组合式整流器等几种。流量调节阀门的形式和安装位置是否合适，对试验装置的稳定性也有很大关系。采用旋塞阀门对系统稳定性的效果比闸阀更好，但在全开时阻力较大。流量调节阀应装在被检仪表之后，以避免阀门对流体造成的扰动带来误差。至于标准器，质量检验法用地上衡及地中衡，称重误差一般为±(0.05%~0.1%)；对于容积校验法，则用标准容器及标准体积管。标准器应经过国家计量部门用精度高两级的标准量器进行标定后，方可使用。标准体积管的基准器是体积管本体上两个检测器间经过标定的管路容积，称为标准容积，其容积误差一般为±0.35%。国内大流量水流量试验装置一般都采用容积法。对于中小容量的试验装置，有的采用标准容器，同时配备标准台秤。计时器，目前多采用石英晶振电子秒表，测量精度高，抗干扰能力强，避免了一般电秒表受电网周波不稳的影响而引起的误差。

4.3.2 水标测试试验装置的类型

水流量试验装置按采用的标准器不同分容积法和质量法。容积法试验装置的标准器为已知容积和水位间函数关系的测量容器，多采用缩颈式，在缩颈处装水位读数标尺，以保证测量精度。及时与水位测点联动，以消除开合误差。质量法试验装置的标准器为地上衡或地中衡。由于衡器精度较高，因此该装置的试验精度也较高，一般误差为$\pm(0.05\% \sim 0.2\%)$。但由于受衡器量程范围的限制，试验装置的容量较小。

水流量试验装置的恒压水源可用水塔稳压或容器稳压。水塔稳压装置由于水压比较稳定，误差为$\pm(0.2\% \sim 0.4\%)$，但压力受水塔高度限制；容器稳压装置占地少，投资省，压力可设置得较高，但稳压效果常不及水塔法。

容积法和质量法水流量试验装置的典型结构，如图4.1和图4.2所示。

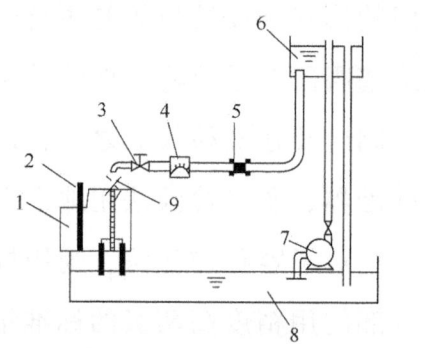
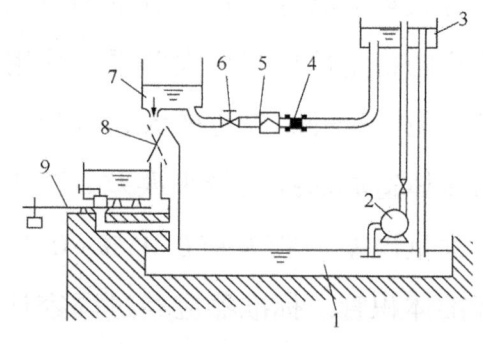

图4.1 容积法水流量试验装置示意图　　图4.2 质量法水流量试验装置示意图
1—测量容器；2—水位测试元件；3—流量调节阀；　　1—储水池；2—泵；3—水塔；4—整流器；
4—被检流量计；5—整流器；6—水塔；7—泵；　　　5—被检流量计；6—流量调节器；7—背压水槽；
8—储水池；9—换向器　　　　　　　　　　　　　　8—换向器；9—地上衡

如图4.1和图4.2所示，这两种结构都采用水塔稳压。图4.2结构的优点是试验管路的末端采用背压水槽，以稳定背压，保证流体流动的稳定性，并用地上衡作为标准器来测量液体质量，提高了测量精度。用这两种装置标定时，测量换向器两次动作之间的时间和该时间内流入标准器中的水容积（或质量），从而求得容积流量或质量流量。因为水的容积或质量是在水静止状态下测得的，故称静态法。这种方法历史悠久，但每次测量都必须等容器中的水静止，而且要确保上一次标定时无积水，否则将带来较大的误差。这样标定，效率较低，因而出现了动态校验的方法，即在水流动的情况下进行容积和质量的测量。若预先将标准容器中两个不同高度的水容积标定准确，然后在水流动情况下测量水流经两液位高度之间的时间，即可求得容积流量；若预先将标准砝码固定，测量开始称重到与砝码平衡的时间，即可求得质量流量。这种方法，容积（或质量）固定，仅测量时间即可得流量，便于处理测试数据，操作方便，效率高，但在测量中会因流体流动造成液位波动（或对称重容器形成冲力）而引起附加误差。一般用动态法测容积流量的误差为±0.4%；测质量流量的误差为±0.2%。用动态法测容积流量，其试验装置原理如图4.3所示，"始点""终点"及"上限"均与光电继电器相接，以便与记时及泄水联动。"始点"和"终点"之间相应的容器容积经准确标定，作为标准容积。"上限"光电继电器是作为"终点"继电器失灵时防止水溢出容器用的。

上述几种类型的水流量试验装置，各有特点，可根据不同的标定要求选用。应该指出的是，一般使用部门在检验工业用流量计时，不一定要用试验装置进行标定，而用误差只有被检表三分之一的标准流量计的指示值作为对比标准进行标定，即可满足要求。

4.4 质量流量计气体测试

质量流量计在气体测试中发挥着关键的作用，因为它们能够准确测量气

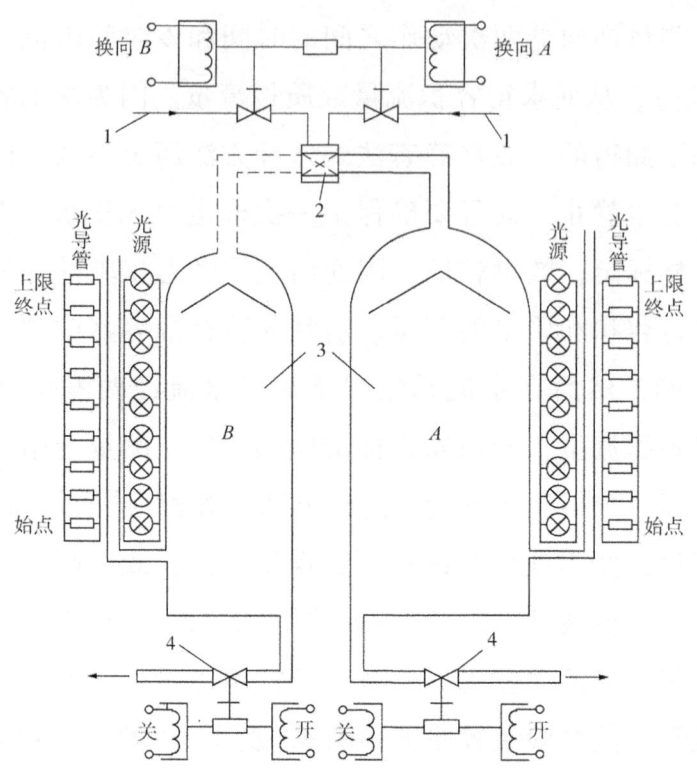

图4.3 动态容积法试验装置工作原理示意图

1—水源；2—换向器；3—标准容器；4—泄水阀

体的流量，为工业、实验室和其他领域的应用提供关键的数据。气体测试通常涉及验证质量流量计在各种气体条件下的性能，以确保其准确度和可靠性。下面详细介绍质量流量计气体测试的过程和重要考虑因素。

（1）测试前的准备。

在进行气体测试之前，需要仔细准备以确保测试的准确性。这包括：

校准设备：使用经过校准的设备对质量流量计进行预测试校准。确保使用的校准设备与实际应用中的气体条件相匹配。

环境条件：控制好测试环境的温度、压力和湿度，以保持气体的稳定性和流动性。环境因素会直接影响流量计的性能。

选择气体：确定要在测试中使用的气体。选择的气体应具有代表性，与实际应用中使用的气体相似，以确保测试的真实性。

(2) 测试流程。

连接流量计：将质量流量计正确连接到气体源，并确保连接处密封良好。使用适当的接头和管道，以防止气体泄漏和保持系统的稳定性。

设定流量值：根据测试要求，设定质量流量计需要测量的目标流量值。这个值应该覆盖质量流量计的整个范围，以确保其在不同流量下的性能。

记录读数：在实际测试过程中，记录质量流量计的读数。这可以通过仪器上的数字显示或通过连接到计算机的数据采集系统来完成。

多次测试：进行多次测试，以验证测试结果的重复性和稳定性。这有助于排除由于偶然因素引起的误差，并确保获得可靠的平均结果。

(3) 分析测试结果。

比较实际流量：将质量流量计的读数与实际流体流量进行比较。如果存在差异，需要进一步分析问题的原因。

校准调整：如果测试结果与实际流量存在差异，可能需要进行校准调整。这可能涉及调整仪器参数、更换损坏的部件或进行其他维护措施。

(4) 问题解决和改进。

确定问题：如果测试结果不符合预期，需要仔细分析可能的问题。这可能包括仪器故障、传感器漂移、环境变化等。

改进流程：根据测试结果和问题分析，采取措施改进测试过程。这可能包括更新校准设备、改进环境控制、提高操作技能等。

(5) 数据记录和报告。

记录详细数据：在整个测试过程中，详细记录质量流量计的读数、测试条件和任何发现的问题。这些数据将有助于未来的分析和改进。

生成报告：汇总测试结果并生成报告。报告应包括测试过程的详细描述、获得的数据、任何问题的解决方案，以及建议的改进措施。

(6) 定期维护和再校准。

定期维护：定期对质量流量计进行维护，包括清洁、检查传感器和替换磨损部件。这有助于保持仪器的性能。

定期再校准：根据生产商的建议，定期对质量流量计进行再校准。这有助于确保仪器在长期使用中仍然保持准确性。

在实施质量流量计气体测试时，上述步骤和考虑因素是确保准确性和可靠性的关键。通过透彻的测试和有效的维护，质量流量计可以在各种气体环境中提供可靠的流量测量数据。

流量计气标测试通常是对气体流量计进行性能验证和校准的过程。这确保了气体流量计能够准确地测量气体流量。流量计气标测试步骤和考虑因素如下：

① 校准和验证：在气体流量计生产过程中，制造商通常会对其进行校准。校准是通过与已知流量标准进行比较，确保流量计测量结果的准确性。

② 初始流量测试：在安装气体流量计之前，进行初始流量测试以确保流量计在零流量或低流量条件下能够正常工作。这有助于检测潜在的故障或问题。

③ 定期测试：对于一些关键应用，可能需要定期测试气体流量计的性能，以确保其仍然在规定的精度范围内工作。这可以通过与标准流量测量设备进行比较来完成。

④ 高流量测试：气体流量计应该在其额定流量范围内进行测试，以确保在高流量条件下仍然能够提供准确的测量结果。

⑤ 温度和压力影响测试：气体的温度和压力变化可能影响流量计的性能。因此，流量计测试也可能包括在不同温度和压力条件下的性能测试。

⑥ 使用标准设备：测试应该使用经过校准的标准设备，如标准流量计、温度计和压力计等，以确保准确性。

⑦ 记录测试结果：对于每次测试，都应该记录测试条件、流量值，以及流量计的测量结果。这有助于追踪流量计的性能变化，并在需要时采取适当的维护措施。

⑧ 维护和校准：如果测试表明气体流量计的性能不在规定的范围内，可能需要进行维护或重新校准。这确保了气体流量计的长期准确性。

⑨ 漏气测试：类似于水表测试，检测气体流量计是否有漏气也是重要的一步。漏气可能导致测量不准确，并且可能对安全性产生负面影响。

总的来说，流量计气标测试是确保气体流量计能够提供准确测量的关键步骤，有助于维护系统的稳定性和可靠性。测试的详细程度可能会根据流量计类型、应用和制造商的建议而有所不同。

目前气体流量计实验装置采用的实验方法有气体表法、气体容积法、置换法、风洞测速法及音速喷嘴法等。

4.4.1 气体表法

气体表法就是用经精密校验过的流量计，如湿式表或罗茨气体表等作为标准表，与被检流量计串联，对被检流量计进行标定，其系统简单、使用方便，缺点是精度受标准表本身精度的限制。如图4.4所示，系统气源可采用送风机，也可采用引风机方案。

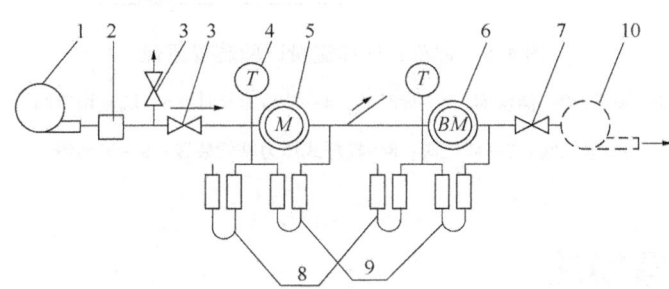

图 4.4 气体表法试验装置示意图

1—送风机；2—过滤器；3—流量调节阀；4—温度表；5—标准表；6—被检流量计；
7—放气阀；8—静压用U形压力计；9—差压用U形压力计；10—引风机

4.4.2 气体容积法

对于气体容积法试验装置，一种系统是采用折叠容器和基准气体表；另一种系统是采用气体钟罩。国内普遍采用气体钟罩，容积为50~10000L。标定大流量时，要制造大容积的钟罩，可采用双钟罩连续测量，以提高标定容积。容器由不锈钢制成，使用期限长。采用象限平衡法结构，内压比较稳定，但工作压力低，高差压的表计不能满足试验要求。试验装置原理如图 4.5 所示。试验微小气体流量时采用的肥皂膜式试验器，也是一种气体容积法装置。通过测量肥皂膜随被测气体流动时所经过的容积和时间求出容积流量。在标定小口径转子流量计时常采用这种装置。

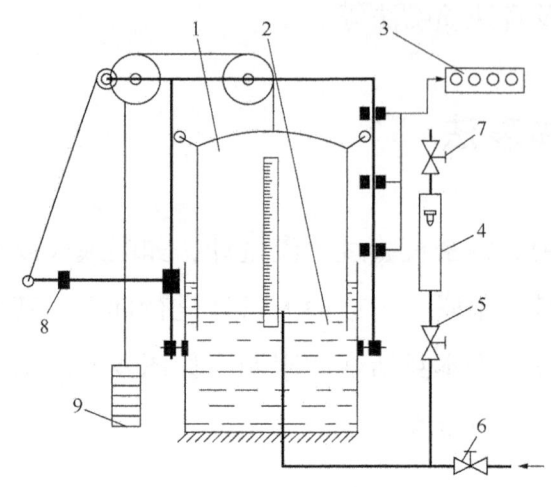

图 4.5　钟罩式气体流量试验装置原理

1—钟罩；2—储水槽；3—计时器；4—被检流量计；5—流量调节阀；
6—进气阀；7—放气阀；8—杠杆式压力补偿装置；9—平衡锤

4.4.3　置换法

置换法分气排水法和水排气法两种。气排水法是用压缩空气将一定容积的容器中的水排出来，在排水过程中测量液位变化及相应需要的时间。这种方法液位测量不易准确。水排气法是以恒位水箱(塔)的水位高度 H 作为稳压源，通过固定的出水口保证压力和液位稳定。这种装置对小流量表计进行标定或检验的系统示意图如图 4.6 所示。工作时先打开放水阀门 3，使计量容器内的空气压缩到与稳压源恒定水位 H 相等的压力，使计量容器内水、气达到平衡，然后调节流量调节阀 2，获得试验流量。用计时器根据液位 H 的变化(由液位标尺给出)进行时间计量，即可换算成流量。这种方法和气体钟罩法比较，工作压力比较高，但精度较低，换算比较复杂，而且湿度大，有些表计不适用。

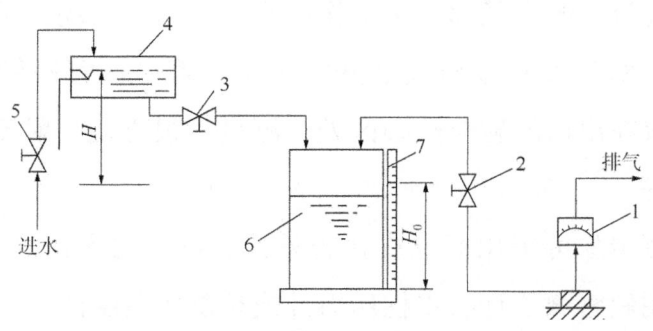

图 4.6 水排气法试验装置示意图

1—被检流量计；2—流量调节阀；3—放水阀；4—恒位水箱；
5—进水阀；6—计量容器；7—计量容器液位标尺

4.4.4 风洞测速法

在电力部门，为了标定或检验送风、吸风风道中气体流量测量元件的流量系数，要求试验装置能连续地模拟送风、吸风风道的流量变化并克服引入测量元件带来的压力损失。按此要求，常依靠风洞装置来完成。因为风洞试验装置可以在试验管段建立一个流速可变的标准风源，按此标准风源为基准，来解决插入式仪表的标定和检验，如涡街流量计、均速管、皮托管、插入式涡轮流量计等。

风洞有开式和闭式两种，误差均可为 ±0.5%。闭式风洞工作风速范围一般为 5~60m/s；开式风洞风速因口径不同而异，在 ϕ200~600mm 范围内，流速一般为 10~120m/s。

电力部门一般采用开式风洞，结构示意图如图 4.7 所示。被测元件直接放在开式系统的出口进行测

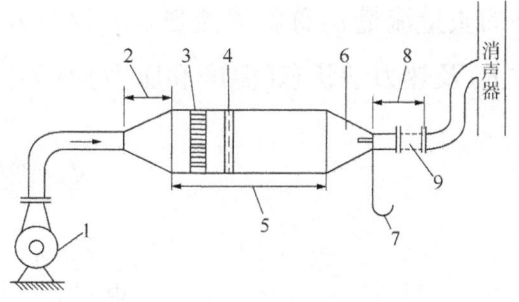

图 4.7 开式风洞结构示意图

1—风机；2—扩压段；3—导直器；
4—整流丝网；5—稳流段；6—收缩段；
7—皮托管；8—工作段；9—被检仪表

试。这是因为稳流段的直径远大于工作段直径，出口处动压可视为代表全压而换算流量值。对于没有稳压段的开式风洞，若出口管段管内壁光洁度较高，被测元件放在出口的射流核心区处，测量也很方便。射流核心区的流速和管内流速相等。

风洞风速测定除可采用标准皮托管外，还可采用入口喷嘴法测量流量。风压测量可采用斜管微压计、水柱压力计或补偿式微压计。

4.4.5 音速喷嘴法

音速喷嘴法又称为临界流流量计，是国际上近期迅速发展的新型气体流量试验装置，对于解决高压大流量气体流量传递标准，比其他方式具有绝对的优势。常采用的音速喷嘴简图如图 4.8 所示，流体从左向右流动，当下游压力与上游压力之比 p_2/p_0 达到临界状态（对空气约 0.528）时，音速喷嘴喉部的气流则达到音速。其后，即使下游压力继续下降，流量仍恒定不变。这种现象称壅塞现象。这时，流经喷嘴的质量流量 q_m 称临界流量。q_m 仅与入口处介质的性质（等熵指数 k 和气体常数 R）及热力学状态（温度和压力）有关，与下游状态无关。q_m 的表达式如下：

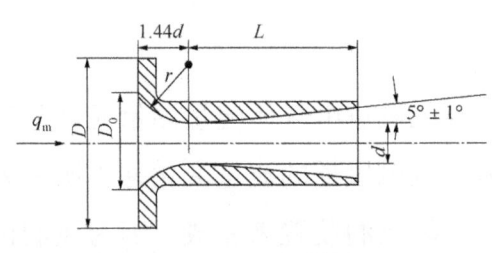

图 4.8 音速喷嘴简图

d—音速喷嘴喉部直径；D—被测管道内径，$D>4d$

$$q_m = \phi F \frac{p_0}{\sqrt{T_0}} \tag{4.2}$$

$$\phi = \left(\frac{2}{k+1}\right)^{\frac{k+1}{2(k-1)}} \left(\frac{k}{R}\right)^{\frac{1}{2}} \tag{4.3}$$

式中　　F——喷嘴喉部截面积；

p_0——喷嘴入口处滞止压力；

T_0——喷嘴入口处温度；

ϕ——临界流量函数。

由式(4.2)可知,测得音速喷嘴前的 p_0 和 T_0,即可求出流过喷嘴的 q_m。利用音速喷嘴不受下游流体参数的影响而可保持质量流量 q_m 恒定的性质作为流量发生器而建立气体流量试验装置,或作为流量标准器而建立气体流量标定装置。音速喷嘴还可作为流量标准与被检流量计串联,进行"在线"标定,这是它的突出优点。

式(4.2)是由简化的理论模型推导出的,实际应用时需用流出系数 C 加以修正,即:

$$q'_m = C\phi F \frac{p_0}{\sqrt{T_0}} \tag{4.4}$$

式中　C——喷嘴流出系数(与音速喷嘴的形状、尺寸有关,由试验方法确定)。

图 4.9 为音速喷嘴试验装置简图。标定流出系数 C 时,也可用音速喷嘴作为恒定流量发生器与被检流量计串联,对被检流量计进行标定。图 4.9 中定容槽的容积已预先标定,经抽真空后测出槽内的压力和温度,然后打开阀门 9、10,使一定压力的气体通过被检流量计 4 及音速喷嘴 7 后进入定容槽。使稳压容器中工作气体保持适当压力,在于保证符合临界流量函数的条件。经过一定时间后关闭阀门 9、10,再测量定容槽内的压力和温度。由此计算出流入槽内的气体流量,并与理论值比较,从而求出 C 值,再与被检流量计的指示值比较后,即可实现标定的任务。

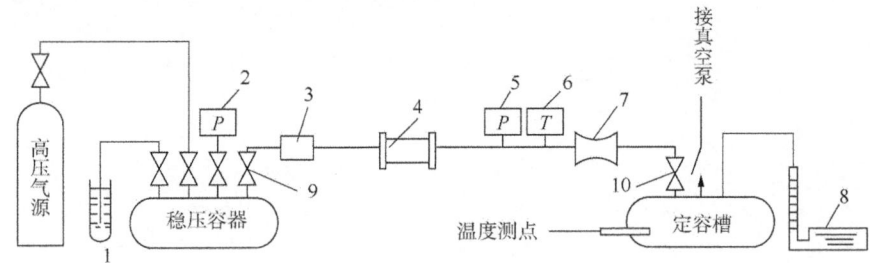

图 4.9 音速喷嘴试验装置简图

1—压力调节器;2—标准压力表;3—过滤器;4—被检流量计;5—标准压力表;
6—温度表;7—音速喷嘴;8—单管压力表;9—供气阀;10—进气阀

5 气体流量标准装置

为了科学合理使用气体，量化能源才能够节能降耗，就要使用气体流量计对气体流量进行准确地计量。气体流量标准装置就是为检定、校准气体流量计的准确度而建立的标准装置。和长度、质量、时间等常规量不同，流量是一个导出量，流量计量的过程是一个动态的、复杂的计量过程。气体流量计量由于受到气体压缩性和热膨胀性等特性的影响，使得气体流量计量装置考虑因素更多。气体流量标准装置是计量中比较复杂的标准装置，它是可以用来对各种类型的气体流量计进行检定校准的实验装置系统。由于气体流量计量本身的复杂性，测量原理不同，流量范围大小，工况条件的转换（特别是压力温度的影响）导致气体流量标准装置的多样性，要根据不同的气体流量计的特性来选择气体流量标准装置进行检定校准工作。按所用的标准器的不同，有使用动态容积法微小气体流量标准的皂膜式气体流量标准装置；使用容积法的钟罩式气体流量标准装置；测量质量流量的 $p.V.T.t$ 气体流量标准装置；使用标准流量计作标准表的气体流量标准装置；高压的气体流量标准装置等。相对于其他的标准装置，使用标准流量计作标准器的标准装置具有效率高、量程大、使用简便、性价比高等优点，在国内外普遍用于测试气体流量计的性能。本章聚焦于气体流量标准装置的相关知识，包括其分类、特点及应用场景。首先，概述了气体流量标准装置在流量计校准和验证中的关键作用。随后，详细介绍了不同类型气体流量标准装置的工作原理、结构组成及技术优势。通过对比不同标准装置的性能特点和应用范围，为选择适合现场实际需求的标准装置提供了参考依据。此外，还讨论了标准装置的维护和保养方法，确保其在长期使用中能够保持高精度和稳定性。

5.1 概述

5.1.1 量值传递

量值传递即通过对计量器具的检定或校准，将国家基准所复现的计量单位量值通过标准逐级传递到工作用计量器具,以保证量值的准确和一致的过程。

在量值传递的过程中,关键的一环是确保标准的稳定性和可追溯性。国家基准作为计量系统的基石,其准确性对整个量值传递过程至关重要。因此,在对计量器具进行检定或校准时,不仅要严格依照标准程序进行操作,还需要借助先进的技术手段,例如精密的测量设备和实验室环境的严格控制,以确保获得高质量的基准量值。

逐级传递的过程中,每个环节的计量器具都扮演着关键的角色。这些中间标准的选取和维护对于传递过程的准确性至关重要。常见的传递方式包括使用标准校准装置、参与国际互认的国家实验室,以及建立可追溯性链的各级标准实验室等。通过这些手段,可以确保在传递的每个环节都能够维持量值的准确性和一致性。

另外,随着科技的发展,新型的量值传递方法和技术也在不断涌现。例如,基于先进的信息技术的自动化校准系统,能够实现更为高效、精确的量值传递过程。这些新技术的引入为量值传递提供了更多可能性,同时也提高了整个计量体系的可靠性和效率。

5.1.2 溯源性

溯源性是通过一条具有规定不确定度的值能够与规定的参考标准,通常是与国家测量标准或国际标准联系起来的特性,应注意:

(1) 此概念常用形容词"可溯源的"来表达;
(2) 这条不间断的比较链称为溯源链。

因此,在计量检定、校准中,通过将高一等级的计量标准复现的值作为实际值,用它来检定或校准有关量的其他低等级的计量标准或计量器具或作为其定值,这一过程为量值传递。而量值溯源是量值传递的逆过程,即被计量的量值能与国家计量基准或国际计量基准所复现的量值联系。也就是说,用工作计量器具测量所得量值的误差或误差范围是在规定的范围内。这是因为工作计量器具的实际值是经过高一级的计量标准检定或校准的,而高一级计量标准的实际值又经过更高一级的计量标准检定或校准。

这样一级一级追溯上去,最后与国家计量基准或国际计量基准所复现的量值相联系,这就是量值的传递与溯源。

5.1.3 流量量值的统一及量值传递

由于流量是导出量,量值的实物标准实际上就是一套原始标准计量装置,它需要在特定条件下由基本量(长度、质量、时间、密度)等合成。原始标准装置,即装置的容积 V 或质量 m 作为计量的依据,结合时间 t 的测量,可以得到体积流量或质量流量。

传递标准装置也称次级标准,是通过原始流量标准装置把量值传递给一台或一组流量计,它作为原始标准计量装置和工作流量计之间的中间环节,与工作流量计串联,比较其流量示值以实现流量量值的传递和量值的统一。

流量计量是能源计量的重要组成部分。能源问题已成为我国国民经济发展中的一个突出问题,节约能源已成为重要国策之一。要搞好节能工作,首先必须对能源进行科学管理。能源的计量测试就是能源科学管理的一项重要技术基础工作。水、油、气及其他流体介质,均属流量测量范畴。

5.1.4 气体和气体装置特点

虽然气体和液体都是流体,但在物理性质上却有很大不同,因此气体装置与液体装置具有不同的特点。气体具有以下特点:

(1) 密度较小。

气体的密度比液体的密度小得多,在标准状态下(温度为20℃,绝对压力为101325Pa),空气的密度为 $1.2kg/m^3$,而纯水的密度则为 $998.3kg/m^3$。

气体的这一特点就决定了称重法的气体装置必须是高压装置，其原因如下：

设：ρ_e 为充气前称量容器内气体密度；ρ_f 为充气后称量容器内气体密度；V 为称量容器的容积；m 为称量容器的质量。

则充气的静质量：

$$m_g = V(\rho_f - \rho_e) \qquad (5.1)$$

则秤的总称量：

$$m_{gr} = m + V(\rho_f - \rho_e) \qquad (5.2)$$

要想准确地称出气体的质量 m_g，必须使其尽量接近总称量 m_{gr}，否则就会造成大秤称小物的现象，降低准确度，而在一定的容积 V 下，容器的质量 m 较大，所以必须加大 ρ_f，换句话说，必须加大充气的压力，将气体压缩。

（2）气体可压缩性。

气体受压力的影响要比液体大得多，也就是说气体的可压缩性比液体大得多，比如在 20℃下，空气压力由 100kPa 升到 200kPa，其密度增加 100%，而在同样情况下水的密度只增加 0.01%。所以在水流量标准装置中，可以把水看作不可压缩性流体，检定时除了要求非常准确的检定操作外，一般不用考虑压力修正问题。而气体装置则不然，必须很好地调节、控制压力，准确地测量压力，并且正确地进行压力修正。

（3）气体膨胀性。

气体受温度的影响要比液体大得多，也就是说气体的膨胀性比液体大得多，比如 100kPa 压力下，空气温度由 20℃升到 21℃其密度减小 0.4%，而在同样情况下水的密度只减小 0.03%。所以在水流量标准装置中，常常不考虑温度的影响，即使考虑，对测温要求也不高。而气体装置则不然，必须像对待压力那样，很好地调节、控制温度，准确地测量温度，并且正确地进行温度修正。

（4）气体扩散性。

水在大气中可以保持一定的形状而不扩散到大气中，所以水流量标准装置中的标准器可以用开口容器,而气体则不然,它可以任意向大气中扩散,所以气体装置中的标准器必须用密闭的容器,使检定用气体与大气隔绝。

(5) 黏度较低。

气体的黏度比液体低得多,比如在20℃和100kPa下,空气的动力黏度为1.8×10^{-5}Pa·s,而水的动力黏度则为1×10^{-3}Pa·s。所以水流量标准装置,特别是油流量标准装置,要考虑黏度的影响(由于液体黏度大,容器排空时有一部分液体黏附于容器壁上排不出,造成误差),而气体装置则不必考虑。

以上所述的几个特点,除黏度特点外,其余对气体装置都是不利的因素。所以气体装置要比液体装置复杂,建立起来难度要大,因此气体装置的准确度也相对低。

因此,把体积不随压力变化的流体称为不可压缩流体,实际上不可压缩流体是不存在的,仅是变化可忽略不计,而近似看成理想化的不可压缩流体。通常,在5MPa以下把液体看作是不可压缩流体,但对碳氢化合物(如原油),或在流量计量准确度高时,就不能轻易地忽略液体的压缩性的影响。

为了保证气体流量计的准确度,必须对气体流量计进行准确的计量,就需要建立气体流量标准装置。

根据国内气体流量行业的发展状况来看,气体流量计量已经不是单一参数的计量,比如天然气就属于多参数、多组分复杂气质的气体,单纯采用离线计量装置进行检定、校准,就可能满足不了流量计准确度的要求。只有采用在线实时流量计量才能充分将流体的物性参数、安装操作条件及环境条件等因素的影响考虑进来,使流量计的检定条件和使用条件相一致。

气体流量标准装置也有多种不同的分类方法,按它所用的标准器不同,可以分为几种,以下分别介绍这几种气体装置。

5.2 高压标准装置

p.V.T.t法气体流量标准装置是间接测量质量流量的一种标准装置。它的基本原理是应用气体的状态方程，通过测量压力 p，温度 T，时间 t，以及事先标定好的容积 V 来计算气体的质量和质量流量，作为标定中的标准值。p.V.T.t法气体流量标准装置在国外的应用始于20世纪70年代，在我国的应用始于20世纪80年代。1989年，我国颁布了JJG 619—1989《p.V.T.t法气体流量标准装置试行检定规程》，之后，国家又组织对该规程进行了修订并于2005年颁布JJG 619—2005《p.V.T.t法气体流量标准装置检定规程》。

p.V.T.t法气体流量标准装置(简称p.V.T.t法标准装置或者装置)的形式有多种，根据工作原理和结构可以进行如下分类：按气流方向不同，可以分为进气式和排气式；按气源压力大小，可以分为高压式和常压式(也有的称为负压式)；按标准容器的数量不同，可以分为单容器型、双容器型和多容器型；按照标准容器的安放方向，可以分为立式和卧式。

高压进气式p.V.T.t法装置，由于能改变试验管内的气流压力，所以与其他装置相比功能多一些。高压进气式p.V.T.t法装置在结构上可分为三大部分：气源、试验管路和标准器。

气源包括产生气的动力设备即空压机、气体处理设备和气流控制设备。空气经过过滤器后，进入空压机，压缩后冷凝，进入气液分离器，然后再经加热，进入干燥器、过滤器，这样产生的气是洁净和干燥的。一般来讲，经过处理后的气体露点可以降低到-29℃甚至更低。气流控制是要对流量、压力和温度进行控制，使得这几个量既能调节，又能够稳定。其中压力控制采用压力调节阀和缓冲罐；流量控制采用音速喷嘴限流和稳流。

试验管路上一般并联有几条不同管径的管路，为保证装置的准确度，要求系统的密封性要好、被检表到标准器的管子尽可能短、管路上的测温和测压传感器要正确安装。

标准器要考虑的问题很多，主要有测温点的布置、温度场的稳定，这些问题与常压进气式的装置相同。

高压气体流量标准装置由空气压缩机、干燥塔、冷却塔、气井或气瓶组、管路系统、标准表、精密压力表、电子天平、储气容器及辅助装置组成。

空气由空气压缩机加压后经过干燥塔脱水干燥后进入气井或气瓶存储。在检测中，先把高压气瓶放置在电子天平上，调整气瓶内的气压，并除去皮重，将被检设备与标准设备通过高压管路连接上。压缩空气经过管路系统、标准表、精密压力表，然后通过被检设备进入高压气瓶。当达到检测压力后，电子天平称量储气瓶容器充气前后质量，计算并处理示值误差。工作流程框图如图5.1所示。

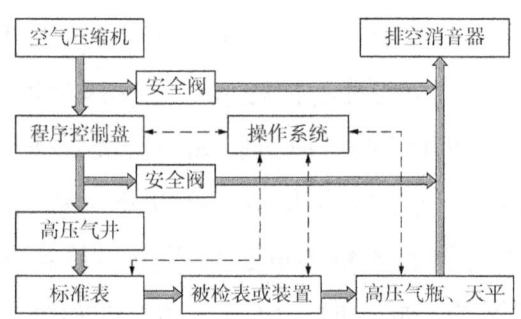

图 5.1　高压气体流量标准装置示意图

高压气体流量标准装置的设计建设主要可以分为三个部分。

第一部分，主标准器的选型。该部分在 CNG 加气机检定规程中有明确要求，本文不再赘述。

第二部分，安全防护布局设计。"人机隔离"是整个安全防护设计的主要思路，这个设计思路也是基于该装置的试验对象及试验介质压力提出的。根据《特种设备安全监察条例》《压力管道安全管理与监察规定》、GB/T 20801.4—2020《压力管道规范 工业管道 第4部分：制作与安装》等规定，高压气体流量标准装置及被检设备中使用的所有管路设施都应属于 GC1 级工业管道。标准装置中的各个管路和阀门保管人员及检测人员可以通过周期检测、日常维护等方式减少或避免安全隐患，但对于送检的被检设备在安全检测前却无法进行有效的判断。因此，"人机隔离"主要是指检测过程中，特别是在密封性、安全性、示值误差等试验项目中，需要检测人员与被检设备隔离。高压气体流量标准装置实验室布局如图5.2所示。防爆隔离墙是安全防护设施的第一步，当被检设备进入检测区域，由检测人员安装好输气管路，调试数据采集及视频、音频采集信号后，检测人员离开检测区域，关闭检测通道，在管道气体排空前不再允许进入。

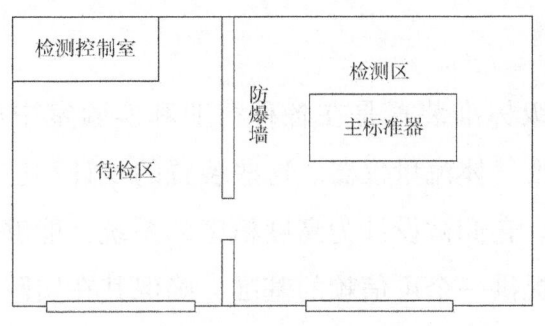

图5.2　高压气体流量标准装置实验室布局

第三部分，辅助装置设计。高压气体流量标准装置中所有自动化控制，包括数据、视频、音频采集、机械手臂控制、排空控制及安全控制等都包含在辅助装置里面。由于检测方式主要采用质量法，需要在每次检测中先把加气枪插入高压气瓶组的进气阀，把压缩气体充装入高压气瓶组内，压力值达到后关闭进气阀，排空管道，再拔出加气枪，由电子天平称量得到标准值。而其中插加气枪、开关阀、排气、拔加气枪都只能由检测人员来完成，很难实现"人机隔离"的目的。工作流程示意图如图5.3所示。

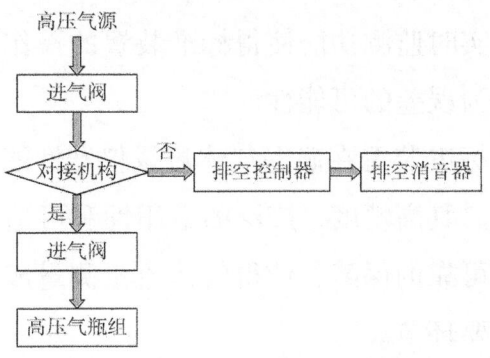

图5.3　对接机构工作流程示意图

在由机械臂和对接机构完成充气的操作后，标准设备和被检设备的数据由控制室采集获得。视频信号和音频信号则将代替检测人员的眼和耳,观察气密性试验示值误差检测过程中可能出现的异常情况。

5.3 工作级标准装置

气体流量工作级标准装置是在各种行业和实验室中广泛使用的关键设备,用于验证和校准气体流量仪器。这些装置的设计和应用对确保气体测量的准确性至关重要。它们被设计为高度精密的系统,能够模拟各种气体流量条件,从而为仪器提供一个可信赖的基准,确保其在实际应用中提供可靠和精准的测量数据。

气体流量工作级标准装置的功能不仅在于为气体流量仪器提供校准和验证,还提供了可追溯性的方法。这意味着通过这些装置进行的校准能够追溯到国际上公认的测量标准,确保了测量结果的一致性和可比性。这种追溯性对于满足行业标准和质量管理体系的要求至关重要。

这些标准装置通常具备多项特征,例如高精度的测量能力,覆盖多种气体的范围,以及自动化控制和实时监测功能。高精度确保了仪器校准的准确性,而广泛的气体范围覆盖则使其适用于不同类型和性质的气体流量仪器。同时,自动化控制和实时监测功能使得标准装置的操作更加便捷和可靠,提高了效率并减少了人为误差的可能性。

气体流量工作级标准装置在确保气体流量仪器性能和测量结果的准确性方面扮演着关键角色。其高精度、广泛的适用性和可追溯性为各行业的实验室和生产环境提供了可靠的保障,使得气体流量测量成为科学、工程和工业领域中不可或缺的重要环节。

5.3.1 标准装置的主要特征

(1) 范围覆盖。

气体流量标准装置应该能够覆盖广泛的气体流量范围,从低流量到高流量,以适应不同仪器的要求。这包括微型流量计到大型质量流量计等。

(2) 高精度。

高精度是气体流量标准装置的核心特点。采用先进的传感器和仪器,以确保在各种条件下都能够提供可靠的测量结果。

(3) 多种气体适应性。

由于各行各业使用的气体种类不同,气体流量标准装置通常应具备多种气体适应性。这确保了在测试不同气体的流量仪器时能够保持高精度。

(4) 温度和压力控制。

气体流量的测量受到温度和压力的影响,因此标准装置通常具有温度和压力控制功能。这有助于在不同环境条件下模拟真实工作环境。

(5) 自动化和实时监测。

现代气体流量标准装置通常具备自动化控制系统,能够自动调节流量、记录数据,并提供实时监测和反馈。这提高了测试的效率和准确性。

(6) 追溯性和符合性。

气体流量标准装置的设计和操作应符合相关的国际或国家标准,以确保校准结果具有追溯性。这有助于保证校准结果的可信度和可比性。

5.3.2 标准装置的使用流程

(1) 准备工作。

在进行气体流量校准之前,需要进行充分的准备工作。包括检查标准装置的状态,确保传感器和仪器的准确性,选择适当的校准气体等。

（2）连接流量仪器。

将待校准的流量仪器正确连接到标准装置，并确保连接处密封良好，以防止气体泄漏。

（3）设置测试参数。

设定标准装置的测试参数，包括目标流量值、测试气体类型、温度和压力条件等。这些参数应该根据流量仪器的规格和应用要求来确定。

（4）进行校准测试。

启动标准装置进行校准测试。在测试过程中，记录流量仪器的读数，同时标准装置会提供实时监测，以确保测试的准确性。

（5）数据记录和分析。

对测试过程中的数据进行记录和分析。这包括比较流量仪器的读数和标准装置提供的实际流量值，识别任何潜在的问题或偏差。

（6）校准结果生成。

根据测试结果生成校准报告，报告应包括测试过程的详细描述、校准数据、任何问题的解决方案，以及建议的改进措施。

5.3.3 维护和再校准

标准装置本身也需要定期地维护和再校准，以确保其自身的性能可靠和准确。这些维护活动通常由专业的技术人员进行。

5.4 移动标准装置

流量计现场拆卸后，流量计用户需要将流量计送至计量技术机构进行溯源，这首先增加了溯源的时间成本，其次，在运输过程中，振动等不可控因素会影响流量计的计量性能，使得流量计溯源过程存在一定风险，且实验工况与流量计使用工况的不同会造成一定程度上误差扩大的问题。为了解决诸如此类的问题，在标准表法气体流量标准装置的基础上设计了一套移动式标准表法气体流量标准装置，相较于使用固定式气体流量标准装置，移动式标准表法气体流量标准装置具有可移动、灵活度高、可开展现场溯源等优势，节省了用户在流量计溯源过程中的时间成本、控制了流量计在运输过程中可能存在的风险。

移动式气体流量标准装置安装于一辆厢式货车中，移动方便，只需要在流量计使用现场接入 380V 电源，便可开机使用。然而此装置在实际运行过程中仍存在以下问题：

（1）由于用户现场路况复杂多变，装置在运输过程中颠簸振动较强，会对标准装置中的标准表及整体装置计量性能产生影响；

（2）整体装置安装于厢式货车上，空间有限，提供装置动力的高速离心风机在运行过程中会产生振动，对整体装置的计量性能产生影响。

6 质量流量计的型式评价、检定和校准

本章全面介绍了质量流量计的型式评价、检定和校准流程及相关要求。首先,阐述了型式评价的目的、项目和方法,强调了型式评价在流量计市场准入中的重要性。随后,详细讲解了检定和校准的法律依据、程序及技术要求,包括检定周期、校准方法、不确定度评估等内容。通过案例分析,展示了如何在实际操作中完成流量计的检定和校准工作,确保其计量结果的准确性和可追溯性。此外,还介绍了计量标准装置的建立与维护方法,为质量流量计的量值传递提供了有力保障。

6.1 型式评价及型式批准

6.1.1 法制管理要求

(1) 计量单位:质量流量计应采用法定计量单位。

(2) 准确度等级:流量计的准确度等级及对应的最大允许误差应符合表6.1的要求,其最大允许误差也应符合表6.1中准确度等级与最大允许误差对应的原则。

表6.1 流量计准确度等级表

准确度等级	0.15	0.20	0.25	0.30	0.50	1.00	1.50
最大允许误差/%	±0.15	±0.20	±0.25	±0.30	±0.50	±1.00	±1.50

(3) 封印结构:对不允许使用者自行调整的流量计,应有保护措施;凡能影响流量计准确度的任何人为干扰,都将在流量计上留下痕迹。

(4) 安装标识:流量计上应有明显的永久性流向标识。

(5) 申请单位应提交的技术资料。

① 经政府计量行政部门委托的《计量器具型式批准申请书》;

② 产品标准；

③ 样机照片和产品结构照片及描述；

④ 总装图、电路图和关键零部件清单；

⑤ 使用说明书；

⑥ 制造单位或技术机构所做的试验报告；

⑦ 在爆炸性环境中工作的计量器具应提供防爆证书。

(6) 申请单位应提交的试验样机。

① 按单一产品申请的，直径小于 100mm 的流量计应提供 3 台机；直径不小于 100mm 的流量计应提供 1 台样机；

② 按系列产品申请的，每一系列产品中抽取不少于三分之一的有代表性规格的产品，每种规格提供试验样机数量按单一产品的原则执行；

③ 如产品采用不同企业生产的名义相同的能影响产品计量性能的关键材料或元部件，则应提供不同的样机。

6.1.2 计量要求

(1) 最大允许误差：最大允许误差应符合表 6.1 中规定的最大允许误差。

(2) 重复性：流量计的重复性应不大于表 6.1 中相应准确度等级规定的允许误差绝对值的二分之一。

(3) 零点稳定度：流量计的零点稳定度与最小流量之比应不大于相应准确度等级对应允许误差绝对值的二分之一。

(4) 压力损失：流量计的压力损失应不大于产品使用说明书或产品标准中的规定。

6.1.3 通用技术要求

(1) 随机文件：流量计应有使用说明书。使用说明书中应给出流量计名称、型号、测量介质、工作压力范围、工作温度范围、标称直径、流量范围、零点稳定度、准确度等级、供电电压、流量传感器材质和重量、信号输出方式、制造单位、防爆等级及防爆合格证编号(用于易燃易爆场合)、安装条件及方法、保护功能的使用方法。

(2) 外观与铭牌。

① 外观：新制造的流量计应有良好的外观，表面涂镀层色泽均匀，不得有毛刺、划痕、裂纹、锈蚀、霉斑和剥落等现象；密封面应平整，不得有损伤；流量计的焊接处应平整光洁，不得有虚焊、脱焊等现象；流量计的接插件必须牢固可靠；不得因振动而松动或脱落；流量计显示的数字、文字及符号应清晰、整齐；流量计按键应手感适中，没有粘连现象。

②铭牌：流量计应有铭牌。铭牌上应注明名称、型号、出厂编号、K系数、校准因子、测量介质(气、液)、流量范围、标称直径、准确度等级、最大工作压力、供电电压、流量传感器材质、制造厂和制造日期、制造计量器具许可证标志和编号、防爆等级(用于易燃易爆场合)、防护等级。

(3) 保护功能：具有保护功能的流量计对流量计参数应有保护功能(如密码)，如修改参数应留有修改痕迹并可永久保存。

(4) 防护功能：对不同应用场合的流量计，应满足国家规定的相应防护等级要求，并取得国家认可的机构签发的防护等级证明。

(5) 耐压强度：流量计应能承受1.5倍的最大工作压力，历时5min的耐压强度试验，应无渗透，无泄漏，无损坏。

(6) 耐运输贮存性能：流量计应具有良好的耐运输贮存性能，包括低温贮存性能、高温贮存性能、恒定湿热性能、振动性能。在耐运输贮存性能试验后，对工作正常的流量计进行计量性能复测，流量计的允许误差和重复性应分别符合6.1.2节中(1)和(2)的要求。

(7) 电磁兼容性能：流量计应具有良好的抗电磁兼容性能。电磁兼容试验期间，流量计工作应正常，不应出现程序紊乱和功能障碍，内存数据不应丢失或变化。试验包括：静电放电抗扰度试验、电快速瞬变脉冲群抗扰度试验、浪涌（冲击）抗扰度试验、电压暂降、短时中断和电压变化试验。

（8）电气安全性能试验。

① 绝缘电阻：在参比试验条件下，传感器引出线与外壳之间的绝缘电阻应不小于20MΩ，变送器电源线与外壳之间的绝缘电阻应不小于20MΩ。

② 绝缘强度：在参比试验条件下，按国家规定，传感器引出线与外壳之间施以50Hz、500V电压，保持1min，不应发生闪络或击穿现象；变送器电源电压为220VAC时变送器电源线与外壳之间施以50Hz、1500V电压，保持1min，不应发生闪络或击穿现象；变送器电源电压为24VDC时，变送器电源线与外壳之间施以50Hz、500V电压，保持1min，不应发生闪络或击穿现象。

③ 电磁兼容、电气安全性能试验后的计量性能复测试验：在电磁兼容性能及电气安全性能试验后对流量计的计量性能进行复测，流量计的允许误差和重复性分别应符合6.1.2节中（1）和（2）的要求。

6.1.4 型式评价项目

型式评价项目分为试验项目和检查项目，具体要求见表6.2。

表6.2 型式评价项目表

型式评价项目	项目名称	试验项目	检查项目
法制管理要求	计量单位		√
	准确度等级		√
	封印结构		√
	安装标识		√
	技术资料		√
	试验样机		√
计量要求	最大允许误差	√	
	重复性	√	
	零点稳定度	√	
	压力损失	√	

续表

型式评价项目	项目名称	试验项目	检查项目
通用技术要求	随机文件		√
	外观与铭牌		√
	保护功能	√	
	防护功能	√	
	耐压强度	√	
	耐运输贮存性能	√	
	电磁兼容性能	√	
	电气安全性能	√	
	电磁兼容、电气安全性能试验后的计量性能复测试验	√	

6.1.5　型式评价项目的条件和方法

（1）型式评价的条件。

① 流量标准装置要求。

a. 流量标准装置(以下简称装置)及其配套仪器均应有有效的检定证书或校准证书。

b. 应优先选用质量法装置，也可选用容积法装置或标准表法装置，但装置的质量流量扩展不确定度应不大于流量计最大允许误差绝对值的三分之一。

c. 当试验用液体的蒸汽压高于环境大气压时，装置应是密闭式的。

d. 装置的管道系统和流量计内任一点上的液体静压力应高于其饱和蒸汽压，对于易气化的试验用液体，在流量计的下游应有一定的背压，推荐最小背压为最高试验温度下试验用液体饱和蒸汽压力的 1.25 倍与流量计的 2 倍压力损失之和。

② 试验时介质要求。

a. 试验用流体应是单相、清洁的，无可见颗粒、纤维等物质。流体应充满管道及流量计，试验流体应与流量计测量流体的密度、黏度等物理参数相接近。

b. 试验用流体为天然气时，天然气气质至少应符合 GB 17820—2018《天然气》中二类气的要求，天然气的相对密度为 0.55~0.80，在试验过程中，气体的组分应相对稳定，天然气取样按 GB/T 13609—2017《天然气取样导则》执行，天然气组分分析按 GB/T 13610—2020《天然气的组成分析 气相色谱法》执行，天然气因子的计算按 GB/T 17747.2—2011《天然气压缩因子的计算 第 2 部分：用摩尔组成进行计算》执行。

c. 选用容积法装置时，在每个流量点的每次试验过程中，流体温度变化对质量流量的影响应可忽略。

③ 试验时环境条件的要求。

a. 环境温度一般为 5~45℃，相对湿度一般为 35%~95%，大气压力一般为 86~106kPa。

b. 交流电源电压应为 220V±22V，电源频率应为 50Hz±2.5Hz，也可根据流量计的要求使用合适的交流或直流电源（如 24V 直流电源），电源在上述区间内的变化不应对试验结果产生影响。

c. 外界磁场对流量计的影响应可忽略。

d. 机械振动对流量计的影响应可忽略。

e. 试验流体为天然气等可燃性或爆炸性流体时，装置及辅助设备、检测场地都应满足 GB 50251—2015《输气管道工程设计规范》的要求，所有设备、环境条件必须符合 GB 3836 的相关安全防爆的要求。

f. 试验时要消除所有与流量计工作频率接近的其他干扰。

（2）型式评价的法制管理要求检查：资料中如发现错误，应及时告知申请单位改正。

（3）型式评价试验方法。

① 随机文件检查：随机文件检查应符合 6.1.3 节中(1)的要求。

② 外观与铭牌检查：外观与铭牌检查应符合 6.1.3 节中(2)的要求。

③ 保护功能检查：保护功能检查应符合 6.1.3 节中(3)的要求。

④ 防护功能检查：防护功能检查应符合 6.1.3 节中(4)的要求。

⑤ 耐压强度试验。

a. 试验目的：试验的目的是检验流量计在规定压力条件下的耐压性能。

b. 试验条件：参比条件下，流量计介质应满管。

c. 试验设备：耐压试验台，应能满足流量计1.5倍的最大工作压力范围要求。

d. 试验程序：将流量计安装在压力试验台上，缓慢升压至1.5倍最大工作压力，保持5min，观察流量计各连接部分有无渗透、泄漏、破损等现象，试验结束应缓慢降压。

e. 合格判据：流量计应无渗透、泄漏、破损等现象。

⑥ 示值误差与重复性试验。

a. 试验目的：试验的目的是检验流量计的示值误差与重复性是否符合计量要求。

b. 试验条件：参比条件下，流量计应正确安装和通电。

c. 试验设备：流量扩展不确定度应不大于流量计最大允许误差绝对值的三分之一。

d. 试验程序：将流量调到规定的流量值，至少运行10min以上直至流体状态稳定，设置装置和流量计为工作状态，同时操作装置和流量计进行测量，运行一段时间后，同时停止装置和流量计的测量，记录装置和流量计的测量值。分别计算装置和流量计测量的质量流量。试验流量点依次为：q_{max}、$0.5q_{max}$、$0.2q_{max}$、q_{min}。在试验过程中，每个流量点的实际流量与设定流量的偏差应不超过设定流量的±5%；每个流量点的试验次数应不少于6次。

e. 数据处理。

（a）流量计为脉冲输出时，单次试验的相对误差：

$$E_{ij} = \frac{Q_{ij} - (Q_s)_{ij}}{(Q_s)_{ij}} \times 100\% \tag{6.1}$$

$$Q_{ij} = \frac{N_{ij}}{K} \tag{6.2}$$

式中 E_{ij}——第 i 次试验点第 j 次试验的相对误差,%;

Q_{ij}——第 i 试验点第 j 此次试验流量计测量的累积质量流量,kg;

$(Q_s)_{ij}$——第 i 试验点第 j 此次试验装置测量的累积质量流量,kg;

N_{ij}——第 i 次试验点第 j 次试验流量计输出的脉冲数;

K——流量计 K 系数,kg^{-1}。

(b) 流量计为电流输出时,单次试验的流量计相对误差:

$$E_{ij} = \frac{q_{ij} - (q_s)_{ij}}{(q_s)_{ij}} \times 100\% \qquad (6.3)$$

$$q_{ij} = \left(\frac{I_{ij} - I_{min}}{I_{max} - I_{min}}\right) \times q_{max} \qquad (6.4)$$

式中 E_{ij}——第 i 次试验点第 j 次试验的相对误差,%;

q_{ij}——第 i 试验点第 j 此次试验流量计测量的瞬时质量流量平均值,kg/h;

$(q_s)_{ij}$——第 i 试验点第 j 此次试验装置测量的平均瞬时质量流量,kg/h;

I_{ij}——第 i 次试验点第 j 次试验流量计输出电流的平均值,mA;

I_{max}——流量计输出最大电流值,mA;

I_{min}——流量计输出最小电流值,mA;

q_{max}——I_{max} 对应的质量流量,kg/h。

(c) 流量计的相对示值误差:

第 i 试验点的相对误差为:

$$E_i = \frac{1}{n} \sum_{j=1}^{n} E_{ij} \qquad (6.5)$$

式中 E_i——第 i 次试验点流量计相对误差,%;

n——检定次数。

流量计相对示值误差为:

$$E = \pm |E_i|_{max} \qquad (6.6)$$

式中 E——流量计相对示值误差,%。

(d) 流量计的重复性。

第 i 点的重复性计算为:

$$(E_r)_i = \sqrt{\frac{\sum_{j=1}^{n}(E_{ij}-E_i)^2}{n-1}} \qquad (6.7)$$

式中 $(E_r)_i$——第 i 试验点的重复性,%。

合格判据:流量计示值误差应符合6.1.2节中(1)的要求;流量计重复性应符合6.1.2节中(2)要求。

⑦ 零点稳定度试验。

a. 试验目的:试验的目的是检验流量计的零点稳定度是否符合计量要求。

b. 试验条件:参比条件下,流体介质处于完全静止条件下。

c. 试验设备:耐压试验台,应能满足流量计1.5倍的最大工作压力范围要求,配套使用压差计。

d. 试验程序:将流量计安装在试验管道上,确保流量计两端密闭并充满试验流体,关闭流量计的流量点显示切除功能,同时将瞬时流量显示单位更改为流量计允许的分辨力最高的显示单位,待流体完全静止后,执行流量计的零点调整功能,零点调整结束后将流量计恢复到瞬时流量显示状态,在5min内按均等时间间隔连续读取30次零点偏移的瞬时流量值,取每次流量绝对值的平均值作为该流量计的零点稳定度。

e. 合格判据:流量计的零点稳定度与最小流量之比应不大于相应准确度等级对应允许误差绝对值的二分之一。

⑧ 压力损失试验。

a. 试验目的:试验的目的是检验流量计压力损失是否符合计量要求。

b. 试验条件:参比条件下,运行流量应在流量计最大流量下。

c. 试验设备:耐压试验台,应能满足流量计1.5倍的最大工作压力范围要求，配套使用压差计。

d. 试验程序：在流量计规定的最大流量下测量流量计的压力损失。

e. 合格判据：流量计压力损失应不大于产品使用说明书或产品标准中的规定。

⑨ 耐运输贮存性能试验。

a. 试验目的：检验流量计经过规定的耐运输贮存试验后，是否工作正常，以及复测计量性能是否符合最大允许误差、重复性要求。

b. 试验条件：流量计在包装条件下进行。

c. 试验设备：试验设备应符合 GB/T 2423.1—2008《电工电子产品环境试验 第2部分：试验方法 试验A：低温》，GB/T 2423.2—2008《电工电子产品环境试验 第2部分：试验方法 试验B：高温》，GB/T 2423.3—2016《环境试验 第2部分：试验方法 试验Cab：恒定湿热试验》，GB/T 2423.10—2019《环境试验 第2部分：试验方法 试验Fc：振动(正弦)》。的要求。

d. 试验程序。

（a）低温贮存试验：按 GB/T 2423.1—2008《电工电子产品环境试验 第2部分：试验方法 试验A：低温》，GB/T 2423.2—2008《电工电子产品环境试验 第2部分：试验方法 试验B：高温》，GB/T 2423.3—2016《环境试验 第2部分：试验方法 试验Cab：恒定湿热试验》，GB/T 2423.10—2019《环境试验 第2部分：试验方法 试验Fc：振动(正弦)》。规定的方法进行试验，要求见表6.3。

表 6.3 低温贮存试验

试验温度/℃	−20±2
持续时间/h	2
恢复时间(常温条件下)/h	2

温度变化率不应超过 1℃/min，对空气湿度要求在整个试验期间应避免凝结水。

（b）高温贮存试验：按 GB/T 2423.1—2008《电工电子产品环境试验 第2

部分：试验方法 试验 A：低温》，GB/T 2423.2—2008《电工电子产品环境试验 第 2 部分：试验方法 试验 B：高温》，GB/T 2423.3—2016《环境试验 第 2 部分：试验方法 试验 Cab：恒定湿热试验》，GB/T 2423.10—2019《环境试验 第 2 部分：试验方法 试验 Fc：振动(正弦)》。规定的方法进行试验，要求见表 6.4。

表 6.4 高温贮存试验

试验温度/℃	40±2
持续时间/h	2
恢复时间（常温条件下）/h	2

温度变化率不应超过 1℃/min，对空气湿度要求在整个试验期间应避免凝结水。

（c）恒定湿热试验：按 GB/T 2423.1—2008《电工电子产品环境试验 第 2 部分：试验方法 试验 A：低温》，GB/T 2423.2—2008《电工电子产品环境试验 第 2 部分：试验方法 试验 B：高温》，GB/T 2423.3—2016《环境试验 第 2 部分：试验方法 试验 Cab：恒定湿热试验》，GB/T 2423.10—2019《环境试验 第 2 部分：试验方法 试验 Fc：振动(正弦)》。规定的方法进行试验，要求见表 6.5。

表 6.5 恒定湿热试验

试验温度/℃	40±2
相对湿度/%	93±3
持续时间/d	2
恢复时间（常温条件下）/h	2

试验期间应避免凝结水。

（d）振动(正弦)试验：按 GB/T 2423.1—2008《电工电子产品环境试验 第 2 部分：试验方法 试验 A：低温》，GB/T 2423.2—2008《电工电子产品环境试验 第 2 部分：试验方法 试验 B：高温》，GB/T 2423.3—2016《环境试验 第 2 部分：试验方法 试验 Cab：恒定湿热试验》，GB/T 2423.10—2019《环境

试验 第2部分：试验方法 试验Fc：振动(正弦)》。规定的方法进行试验，要求见表6.6。

表6.6 恒定湿热试验

频率范围/Hz	20±1
加速度振动幅值/cm/s²	10
扫频速度/(oct/min)	1
持续时间(循环次数)	10

分别在三个互相垂直的轴线方向上进行。

合格判据：每项试验后检查流量计应工作正常；耐运输贮存性能试验结束后对工作正常的流量计进行计量性能复测，流量计相对示值误差应符合6.1.2节中(1)的要求；流量计重复性应符合6.1.2节中(2)的要求。

⑩ 电磁兼容试验。

a. 试验目的：检验流量计在规定的电磁兼容试验下性能是否符合电磁兼容要求，以及试验后是否符合最大允许误差、重复性要求。

b. 试验条件：试验在流量计通电状态（非实流状态）下进行。

c. 试验设备：试验设备应符合GB/T 17626.2—2018《电磁兼容 试验和测量技术 静电放电抗扰度试验》，GB/T 17626.4—2018《电磁兼容 试验和测量技术 电快速瞬变脉冲群抗扰度试验》，GB/T 17626.5—2019《电磁兼容 试验和测量技术 浪涌(冲击)抗扰度试验》，GB/T 17626.11—2023《电磁兼容 试验和测量技术 第11部分：对每相输入电流小于或等于16A设备的电压暂降、短时中断和电压变化抗扰度试验》的要求。

d. 试验程序。

(a) 静电放电抗扰度试验：按GB/T 17626.2—2018《电磁兼容 试验和测量技术 静电放电抗扰度试验》，GB/T 17626.4—2018《电磁兼容 试验和测量技术 电快速瞬变脉冲群抗扰度试验》，GB/T 17626.5—2019《电磁兼容 试验和测量技术 浪涌(冲击)抗扰度试验》，GB/T 17626.11—2023《电磁兼容 试验和测量技术 第11部分：对每相输入电流小于或等于16A设备的电压暂降、短时中断和电压变化抗扰度试验》规定的方法进行试验，要求见表6.7。

表6.7 静电放电抗扰度试验

放电方式	接触放电	空气放电
试验等级/级	3	3
试验电压/kV	6	8
试验次数/次	10	10

（b）电快速瞬变脉冲群抗扰度试验：按 GB/T 17626.2—2018《电磁兼容 试验和测量技术 静电放电抗扰度试验》，GB/T 17626.4—2018《电磁兼容 试验和测量技术 电快速瞬变脉冲群抗扰度试验》，GB/T 17626.5—2019《电磁兼容 试验和测量技术 浪涌（冲击）抗扰度试验》，GB/T 17626.11—2023《电磁兼容 试验和测量技术 第11部分：对每相输入电流小于或等于16A设备的电压暂降、短时中断和电压变化抗扰度试验》规定的方法进行试验，要求见表6.8。

表6.8 电快速瞬变脉冲群抗扰度试验

试验方式	供电电源与保护地之间	信号、数据和控制端口
试验等级/级	3	3
峰值电压/kV	6	8
试验时间/s	60	60
重复频率/kHz	5	5
极性	正极，负极	正极，负极
脉冲上升时间/ns	5	5
脉冲持续时间/ns	50	50

（c）浪涌（冲击）抗扰度试验：按 GB/T 17626.2—2018《电磁兼容 试验和测量技术 静电放电抗扰度试验》，GB/T 17626.4—2018《电磁兼容 试验和测量技术 电快速瞬变脉冲群抗扰度试验》，GB/T 17626.5—2019《电磁兼容 试验和测量技术 浪涌（冲击）抗扰度试验》，GB/T 17626.11—2023《电磁兼容 试验和测量技术 第11部分：对每相输入电流小于或等于16A设备的电压暂降、短时中断和电压变化抗扰度试验》规定的方法进行试验，要求见表6.9。

表 6.9 浪涌(冲击)抗扰度试验

试验等级/级	2
开路试验电压/kV	1.0
浪涌波形/μs	1.2/50~8/20
试验方式	线—地,线—线
极性	正极,负极
试验次数/次	各5
重复率/(次/min)	1

(d) 电压暂降、短时中断和电压变化试验:按 GB/T 17626.2—2018《电磁兼容 试验和测量技术 静电放电抗扰度试验》,GB/T 17626.4—2018《电磁兼容 试验和测量技术 电快速瞬变脉冲群抗扰度试验》,GB/T 17626.5—2019《电磁兼容 试验和测量技术 浪涌(冲击)抗扰度试验》,GB/T 17626.11—2023《电磁兼容 试验和测量技术 第 11 部分:对每相输入电流小于或等于 16A 设备的电压暂降、短时中断和电压变化抗扰度试验》规定的方法进行试验,要求见表 6.10。

表 6.10 电压暂降、短时中断和电压变化抗扰度试验

试验方式	中断	暂降
试验等级/UT	0	70%
持续时间(周期)/个	1(20ms)	50(1s)
试验次数/次	3	3
最小间隔/s	10	10

合格判据:各试验期间流量计应都能符合 6.1.3 节中(7)的要求。

⑪ 电气安全性能试验。

a. 试验目的:检验流量计在规定的电器安全性能试验下的性能是否符合电气安全性能要求;

b. 试验条件:在参比试验条件下,且不接通电源情况下进行试验;

c. 试验设备:兆欧表,耐压测试仪;

d. 试验程序。

（a）绝缘电阻：在参比试验条件下，用 500 V 兆欧表测量传感器引出线短接后与外壳之间的绝缘电阻，用 500 V 兆欧表测量变送器电源线短接后与壳体之间的绝缘电阻。

（b）绝缘强度。

在参比试验条件下，将传感器各回路短接并接于功率不小于 500VA，频率为 50Hz 的试验器引出线的一端，另一端与外壳连接，试验电压为 500V，试验时，电压由"0"开始均匀增大，约 5s 时间逐渐升至规定值，保持 1min，然后均匀下降到"0"。

在参比试验条件下，当变送器电源额定电压为 220VAC 时，将变送器电源线短接并接于功率不小于 500VA，频率为 50Hz 的试验器引出线端，另一端与壳体连接，试验电压为 1500V，当变送器额定电压为 24VDC 时，试验电压为 500V，试验时，电压由"0"开始均匀增大，约 5s 时间逐渐升至规定值，保持 1min，然后均匀下降到 60。

合格判据：绝缘电阻和绝缘强度均满足 6.1.3 节中(8)的要求。

⑫ 电磁兼容、电气安全性能试验后的计量性能复测试验。

a. 试验目的：电磁兼容性能及电气安全性能试验后，复测流量计相对示值误差和重复性。

b. 试验条件：参比条件下，流量计应正确安装和通电。

c. 试验设备：流量扩展不确定度应不大于流量计最大允许误差绝对值的三分之一。

d. 试验程序：将流量调到规定的流量值，至少运行 10min 以上直至流体状态稳定，设置装置和流量计为工作状态，同时操作装置和流量计进行测量，运行一段时间后，同时停止装置和流量计的测量，记录装置和流量计的测量值，分别计算装置和流量计测量的质量流量，试验流量点依次为：q_{max}、$0.5q_{max}$、$0.2q_{max}$、q_{min}，在试验过程中，每个流量点的实际流量与设定流量的偏差应不超过设定流量的±5%，每个流量点的试验次数应不少于 6 次。

计算方法：与 6.1.5 节中(3)的⑥相同。

合格判据：复测流量计的相对示值误差和重复性应符合均满足 6.1.2 节中(1)和(2)的要求。

6.1.6　型式评价结果的判定

（1）型式评价结果的判定：所有的评价项目均符合型式评价大纲要求的为合格；有不符合型式评价大纲要求的项目为不合格；系列产品中，有一种规格不合格，判定该系列不合格。

（2）型式评价不合格的处理：审查技术资料出现不符合要求时，应及时通知申请单位进行修改；型式评价判定不合格的，在型式批准报告的"型式评价总结论及建议"中写明不符合项，建议不批准该型号计量器具的型式。

6.2　质量流量计检定的基本内容

质量流量计的检定，是为了评定其测量性能（如：准确度、重复性等）并确定其是否合格所进行的全部工作。检定是进行量值溯源或量值传递，以及保证量值准确一致和量值统一的重要措施，是国家对整个计量器具进行管理的技术手段。因此，质量流量计的检定具有十分重要的意义。

按照我国计量法对计量器具管理的规定，必须对新购进的使用中的和修理后的质量流量计进行检定，以保证其产品质量和使用中的准确度。

检定必须严格按照有关的质量流量计检定规程进行。1994 年国际标准化组织发布了 ISO 10790《封闭管道中流体流量的测量——科里奥利质量流量计》的文件，我国关于质量流量计的计量检定规程 JJG 897—1995《质量流量计》也已颁布。质量流量计计量检定规程中具体规定了检定的技术要求、检定条件、检定设备、检定项目、检定方法、检定结果的处理和检定周期等内容。

在评定计量特性前，检定人员必须先根据有关的检定规程对被检质量流量计的外观和工作正常性能等一般性项目进行检查。检查合格后，再进行其他项目的检定，主要是确定被检质量流量计的示值误差和其他计量性能是否符合检定规程的要求。

如被检质量流量计的示值误差和其他计量性能超出检定规程规定的要求，在一定条件下，检定人员可对该被检质量流量计进行调整（调修），然后再次进行检定，若其准确度与其他计量性能均能达到规定的要求，则该被检质量流量计经调整（调修）后合格。

质量流量计的检定，一般是通过流量标准装置来进行的。受压而流动的流体，始终处于运动或不易稳定的状况下，因而流体本身不能做成一标准的实体来进行量值传递。其量值的传递都是借助于测量流量的装置。执行这种量值传递任务的装置称为流量标准装置。

根据在检定过程中流体的流动情况来分类，液体流量标准装置可分为静态法和动态法两类。静态法是指在检定时间间隔内，流经流量计的流体在静止状况下从称量容器称量或从标准容器上读取流体量值的方法。动态法是指在流体流到称量容器或标准容器的过程中，直接测量出检定时间间隔内流体量的增量以求得流量的方法。无论是采用静态法还是动态法，在每一个测量点进行检定的过程中，应保持流经流量计的流量相对稳定。

采用静态法时，在检定时间间隔之外，流体要通过换向器流到称量容器或标准容器之外，而在检定时间间隔内，流经流量计的流体是通过换向器流到称量容器或标准容器之内的。

静态法的优势在于其对流体的流动状态要求较低，因为流体在静止状态下被称量或读取流体量值。这使得静态法在一些特殊条件下更为可行，例如液体的流动性较差或在需要精确测量的场合。

另一方面，动态法则更为适用于需要考虑流体动力学特性的情况。通过直接测量流体在检定时间间隔内的增量，动态法能够更准确地反映流量计在实际运行中的性能。这种方法对于那些需要更高精度和对流体流动细节敏感的应用来说，可能更具优势。

在实际的检定过程中，保持流经流量计的流量相对稳定是至关重要的。这不仅确保了测量的准确性，也提高了流量计的可靠性。因此，在每一个测量点进行检定时，需要采取措施来稳定流体流动，以排除外部因素对流量计性能的干扰，从而保证测量结果的精确性和可重复性。

如上所述，流量标准装置通常采用的测量方法是：以某个稳定的流量向容器内连续灌注流体，准确测量灌注的开始时刻t_1和停止时刻t_2，同时准确测量$\Delta t = t_2 - t_1$时间间隔内容器中积存的流体量，从而计算出平均流量。实现这一操作过程的一整套测量系统，就是复现流量单位量值基准的标准装置，它们直接来源于流量导出单位的基本量(质量、长度、时间)，以及影响流体特性的温度和压力的基准和标准装置。这套系统包括：流体源(又称检定介质，一般为水、空气或油)；流量产生及稳压恒流设备(一般为稳压水塔、稳压容器或变频调速稳压装置等)；管路系统；计时器和称量秤(或标准容器)，以及换向器等附属设备。该系统要能提供稳定的、不同的流量，保证产生规定的流体流动状况。

对用于液体流量测量的质量流量计，常用液体流量标准装置进行检定。其方法主要有：

(1) 静态称量(质量)法。它是静态计量在测量时间间隔内经换向器进入称量容器的液体质量，以求得质量流量的方法。

(2) 静态容积加密度计法。它是静态计量在测量时间间隔内，经换向器流入定容容器的液体体积量，同时测出检定介质的密度，然后经过计算，以求得质量流量的方法。

(3) 标准体积管加密度计法。它是液体直接流入定容容器——标准体积管，计量在测量时间间隔内流入的液体体积，同时测出检定介质的密度，然后经过计算，以求得质量流量的方法。这种检定方法属于动态测量。

从测量原理来讲，静态称量法是上述三种检定方法中最直接、可靠及稳定的方法，由于它具有可靠的准确度，常作为首选方案检定质量流量测量装置或在已能准确地得知液体密度的条件下，检定体积流量测量装置。因此，应优先采用静态称量法检定质量流量计，特别是用于贸易交接计量的质量流量计。

对用于气体流量测量的质量流量计，常用气体流量标准装置进行检定。国际上存在多种形式的气体流量标准装置，这些标准装置的测量方法有：

（1）标准容积加密度计法。即计量通过质量流量计的气体在标准器处的容积，并同时测量介质密度，计算求得标准质量或标准质量流量。常用装置有皂膜式气体流量标准装置和钟罩式气体流量标准装置。

（2）p.V.T.t法。即测量已知容积的容器内气体的压力和温度，经计算求得标准质量或标准质量流量。

（3）标准表法。即以标准流量计为标准与被检质量流量计进行直接比较。根据质量流量计计量检定规程的要求，不论采用哪种检定方法，检定系统的准确度应优于被检质量流量计基本误差限的三分之一以上。

在许多重要场合，为保证在管线上安装好的质量流量计计量的准确度，必须进行现场检定。目前，质量流量计的现场检定基本上都是采用车装体积管加密度计法来完成。在有条件的场合，最好选用直接称量法现场校准系统。

6.3 质量流量计检定方法

以下分别对液体质量流量计、气体质量流量计和科氏质量流量计的检定方法做介绍。

6.3.1 液体质量流量计

6.3.1.1 静态称量法

静态称量法流量标准装置典型结构如图 6.1 所示。

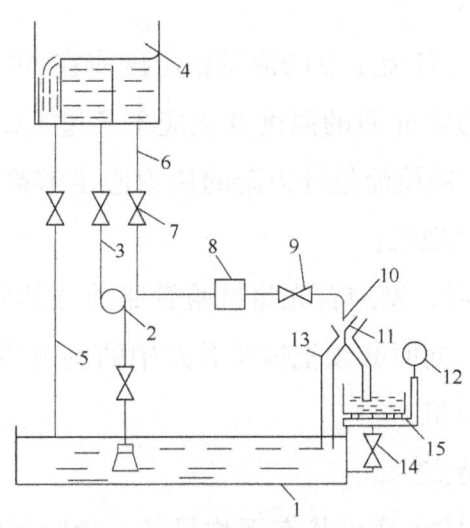

图 6.1 静态称量法流量标准装置典型结构示意图

1—水池；2—水泵；3—上水管；4—稳压水塔；5—溢流管；6—试验管路；7—截止阀；
8—被检质量流量计；9—调节阀；10—喷嘴；11—换向器；12—电子秤；13—旁通管；14—防水阀；15—称量容器

（1）检定的一般步骤。

① 按进行检定试验的管路口径及流量大小，选择相应的水泵；

② 开启空压机，达到系统要求的气源压力，以保证换向器的快速切换和夹表器及砝码机构的正常工作（在某些情况下，定期用标准码校验电子的计量准确度）；

③ 流量计正确安装连线后，应按照检定规程的要求通电预热 30min 左右；

④ 查看稳压水塔的溢流信号是否出现，在正式试验前，应按检定规程要求，用检定介质在管路系统中循环一定时间，同时检查一下管路中各密封部位有无泄漏现象；

⑤ 在开始正式检定前，应使检定介质充满被检流量计传感器，再关断下游阀门进行校零；

⑥ 在开始检定时，应先打开管路前端的阀门，慢慢开启被检流量计后的阀门，以调节检定点流量，一般情况下校准点为满标度的100%、50%、20%，再到100%或用户指定的检定点，当流量范围度超过5∶1时，应再增加一个最小流量检定点；

⑦ 在校准过程中，各流量点的流量稳定度应在5%以内，在完成一个流量点的检定过程时，检定介质的温度变化应不超过1℃，在完成全部检定过程时，应不超过5℃，被检流量计下游的压力应足够高，以保证在流动管路内不发生喷泻和空化等现象；

⑧ 每次试验结束后，都应首先将试验管路前端的阀门关闭，然后停泵，以免将稳压设施放空，同时必须把试验管路中的剩余的检定介质都放空，最后关闭控制系统与空压机。

（2）标准装置的特点。

① 需测量的液体是在静止状态下称量的，消除了液体的动力影响，而且称量仪器与管路没有任何机械联系；

② 称量器具可以采用高准确度的设备，如使用准确度高于0.02%的电子秤；

③ 装置结构比较简单，复现的流量范围宽。

由于以上特点，在三种检定方法中，静态称量法是一种比较简便且准确度又较高的方法。需要指出的是，这种方法一般适用于检定能发出脉冲信号或具有累积流量功能的质量流量计。从稳定流量的角度看，用稳压水塔（也叫力法）是最有效的方法。要实现这种方法，只需建造一个一定高度的水塔，使液流压力能够克服流体在流经管路、设备和被检流量计的过程中所受到的总阻力，达到设计流量。

需要说明的是，由于科氏力式质量流量计的量程比较宽，在大流量检定点时，压力损失往往较大。如需检定大流量点，必须相应地提高稳压水塔的高度，但其高度达到一定的程度后就要受到限制，此时就必须采用稳压罐或恒流泵等其他相应措施，以保证达到系统所需要的压力。

静态称量法流量标准装置综合不确定度主要由以下三部分组成：

① 电子秤的称量误差可能受到环境条件、秤的精度等因素的影响。通过精确校准和定期维护，可以最小化电子秤误差对流量计检定结果的影响。

② 计时器误差是另一个需要考虑的因素，因为精准计时对于流量计的性能评估至关重要。校准计时器并及时更新其内部时钟可以有效减小误差来源，确保检定结果的可靠性。同时，记录计时器的响应时间和稳定性变化也是持续维护的一部分。

③ 换向器换向性能误差在静态称量法中是一个显著的挑战。由于往返时间难以调整到完全相等，可能导致在换向过程中的微小差异，从而引入测量误差。为了减小这种误差，需要采取有效的调整和监测手段，以确保换向器的性能在合理范围内。这可能包括定期的维护和调整程序，以确保流量标准装置的稳定性和可靠性。

6.3.1.2 静态容积加密度法

静态容积法流量标准装置的典型结构如图 6.2 所示。

（1）工作原理。

首先用水泵 2 将水池 1 中的水打入水塔 4，在整个试验过程中使其处于有溢流状态，以保证系统的压头不变。打开截止阀 7，水通过上游侧直管段 8、被检质量流量计 9、下游侧直管段 10、流量调节阀 12 和喷嘴 13，流出试验管路。在试验管路出口处装有换向器 14，换向器用来改变液体的流向，使液流流入标准量器 15 和 16 中。换向器启动时触发计时控制器以保证液量和时间的同步测量。检定时，可根据流量的大小选用一个标准量器计量水量（一般灌满量器的时间不短于 30s），如选用标准量器 15，则关 17 开 18 并将换向器置于使水流向标准量器 16 的位置。用流量调节阀 12 将流量调到所需流量，待流量稳定后，启动换向器，将水流由标准量器 16 换入标准量器 15。换向器动作过程中启动计时器计时和被检质量流量计的脉冲计数器计数。当

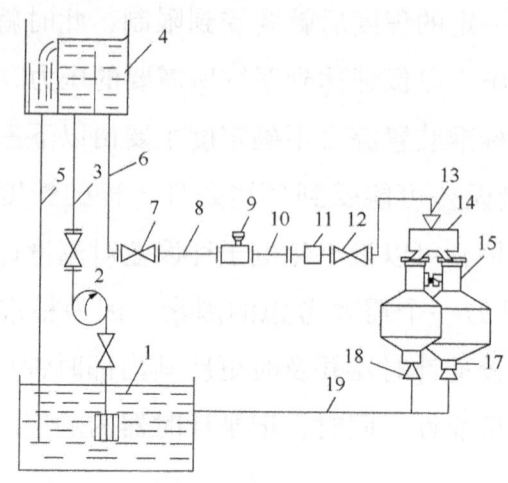

图 6.2 静态容积法流量标准装置典型结构示意图

1—水池；2—水泵；3—上水管；4—稳压水塔；5—溢流管；6—试验管路；7—截止阀；8—上游侧直管段；
9—被检质量流量计；10—下游侧直管段；11—夹表器；12—流量调节阀；13—喷嘴；14—换向器；
15，16—标准量器；17，18—放水阀；19—回水管路

达到预定的水量或预定的脉冲数或时间时，操作换向器使水流由标准量器 15 换到工作量器 16。记录标准量器收集的液体体积 V、计时器显示的测量时间 t 和脉冲计数器显示的脉冲数 N（或被检质量流量计的指示流量或累积量）等。

标准量器中收集的液体标准质量：

$$m_s = V_s \rho \tag{6.8}$$

$$V_s = V_1 [1 + \beta_1 (T_1 - 20)] \tag{6.9}$$

式中 V_s——标准量器中液体的实际体积；

ρ——标准量器内液体的密度。

V_1——标准量器读出容积；

β_1——标准量器体积膨胀系数；

T_1——标准量器处液体温度平均值。

由于实际平均质量流量 $q_m = \dfrac{m_s}{t}$，设质量流量计的脉冲当量为 K_b，于是被检质量流量计质量为 $m_m = K_b N$。

（2）检定方法：质量是体积与密度的乘积。在静态容积加密度计法中，只要测出检定介质的密度，就可以将标准体积换算成标准质量。根据误差理论，用此方法测量质量流量的误差是由体积流量测量误差和密度测量误差组成的。

静态容积法标准装置体积测量准确度一般高于 0.1%，且密度测量现已具有较高的准确度，只要两方面的误差合成符合检定规程中的有关规定，使检定系统质量流量测量的准确度等级能优于被检质量流量计准确度等级的三分之一以上，就可以对静态容积法流量标准装置稍加改动，利用增加密度测量的方法，对质量流量计进行检定。

在静态容积法流量标准装置上，增加一台高准确度的在线密度计，在读出标准量器（罐）内体积的同时，读出密度计显示的检定介质的密度，即可计算标准质量 m_s。

从理论上讲，应在测量体积的同时，同地测出检定介质的密度，因此，在线密度计的安装位置应紧靠标准量器并与之连通。但是，每个标准量器都安装一台密度计非常不经济，通常是将在线密度计并联在换向器前的垂直试验管线上，这样在线密度计测出的是检定介质在管线中而不是罐内的密度。密度测量的误差就不仅是密度计本身的误差，还应包括这种测量方法所带来的误差。不过，静态容积加密度计法中绝大多数是采用水作为检定介质，一方面，水的密度受压力变化的影响很小，可以忽略。另一方面，只要让检定介质（水）充分循环后再行检定，完全可以做到让管道内的水温与收集到标准量器内的水温之差小于 0.5℃，此时温度差异对密度的影响在 0.01% 以下。

用来作检定介质的水是较纯净的，这样使得在每次更换水之间，对水进行采样分析，实测出所用水的温度与密度的对应关系（曲线），制成表图，用测量标准量器内的水温再查表的方法求得密度值。

将 0.1℃ 分度的精密温度计置于标准量器内，读出标准量器内水的体积后再读出此时水的温度，虽然又增加了温度测量误差这一因素，但以其最大误差±0.2℃所带来的密度测量误差也在0.01%以下。

测温求密度的方法虽然比较麻烦,每更换一次水就需做一次密度分析实验,但是比起一台高准确度的在线密度计投资来说,它却是一种经济实用的方法。

对于检定准确度不是很高(0.2%以下)的质量流量计,有时测出水温后可直接对照纯水密度表,查出密度。解决了密度测量问题,就解决了体积与质量之间的转换问题。

6.3.1.3 标准体积管加密度计法

(1)标准装置组成。

该标准装置主要包括以下几个部分:标准体积管、密度测量系统、计数计时器、温度与压力测量仪表、计算机等。

① 标准体积管。

标准体积管的种类较多,但都包含标准容积段、置换器和检测器三个主要组成部分。各种体积管的工作原理是相同的,在液流的推动下,置换器在标准容积段内运行,触发检测器,在检测器之间的一段管段就是标准的容积。按不同的分类方法,标准体积管可分为下面几类。

按标准容积可分为常规标准体积管和小容积标准体积管。其中常规标准体积管的标准容积较大,在一次行程中,流量计可产生10000个以上的脉冲。而小容积标准体积管的标准容积较小,按置换器的形式可分为球式体积管和活塞式体积管。其中球式体积管以弹性球作置换器的体积管。而活塞式体积管以活塞作置换器的体积管,其标准容积比球式体积管小得多。

按置换器的运行方向可分为单向型标准体积管和双向型标准体积管。其中单向型标准体积管的置换器在体积管内始终沿一个闭环管路单向运行,以置换器在两个检测开关之间一次运行所置换的流体体积,作为体积管的标准容积。而双向型标准体积管可以接受流体反向流动,置换器在体积管内往返运行,以置换器在两个检测器之间的往返运行所置换出的流体体积之和作为体积管的标准容积。

除此以外，还可根据其他方法进一步细分。在各种类型的体积管中，无论常规标准体积管还是小容积标准体积管都能应用于质量流量计的检定。但是由于小容积标准体积管的标准容积较小，为保证检定准确度，每个流量点检定的次数不宜太少。根据研究表明，对于小容积标准体积管，每个流量检定点的检定次数最好不少于5次。

② 密度测量系统。

标准体积管给出的是标准体积而质量流量计测量的是质量流量，作为质量流量计的检定装置，必须同时具有高准确度的流体密度测量系统。密度测量有以下几种实现方法：

其一是选用高准确度的在线密度计，其二是采用比重瓶测量。此外，在检定介质情况良好的条件下，运用介质密度与温度、压力之间的关系计算出检定介质的密度。这三种测量方法中，后两种方法的局限性较大，在检定时不易保证测量准确度，应优先采用在线密度计的方法进行密度测量。

③ 系统准确度分析。

用标准体积管进行质量流量计的检定时，装置的误差主要由以下三部分组成：体积管的误差 E_1，密度计本身的测量误差 E_2，介质温度变化带来的误差 E_3。

检定过程中介质温度不断变化，一般要求一个检定点的检定过程中介质温度变化不超过 0.5℃。对体积管而言，是在置换器进入标准管段时读取入口温度 T_1，出口温度 T_2，用 T_1 和 T_2 的平均值作为该次检定的介质温度 T，并同时读取密度计读数。而密度计一般都安装在体积管入口附近，则可认为密度计处的温度就是体积管入口的温度。

标准体积管加密度计法检定系统的综合误差为：

$$E=\sqrt{E_1^2+E_2^2+E_3^2} \tag{6.10}$$

根据检定规程的要求，检定系统的准确度应优于被检流量计允许最大误差的1/3。如若被检质量流量计的准确度为0.2级，则要求该检定系统的综合误差小于等于0.067%。

在确定了标准体积管的准确度，以及由于介质温度变化引起的误差之后，可按式(6.10)，进一步确定所要求的在线密度计的准确度等级。

（2）检定方法。

用标准体积管检定质量流量计时，标准体积管所执行的操作方法与检定体积式流量计大体相同。

在正式检定前，应仔细检查体积管的各组成部分是否正常，体积管的进出口阀、排气阀是否有泄漏等。

（3）检定中可能出现的误差。

① 温度变化。

为使标准体积管检定质量流量计得到准确的结果，温度稳定是基本条件。虽然在检定系统的设计时就会考虑到系统对温度的要求，但在每次检定之前，为保证检定系统温度的平衡，都应运行一段时间。在开始正式检定前，使体积管做几次不读数的检定操作是使系统温度稳定的较好方法。在一次检定过程中介质温度变化应不超过0.5℃。

② 背压及集气。

检定介质中含有气体会影响质量流量计的测量准确度，同样也会影响体积管的测量准确度。在泵的出口处安装消气器可除去机泵所产生的气体；但仍有几种情况会导致液体中夹杂气体：首先系统第一次充液时未做到充分排气；其次是气穴的作用。第一种情况很好解决。气穴的产生则主要是由于管路中压力不足或流量计等处的背压不足所造成的。在有关的检定规程和国际标准中只是要求检定压力以检定介质不汽化为原则，没有给出具体的数据，实际工作中不好掌握。一般情况下，要求系统中任一处的压力均应高于介质的饱和蒸汽压。

③ 在线密度计的安装。

在线密度计的安装除应符合说明书的要求外，为保证整个检定系统的准确度，还应注意下面两点。一是安装地点，最好安装在被检质量流量计与体积管的入口之间，这样可减少因温度变化对系统准确度所造成的影响。二是安装方式，为防止气体聚集和固体杂质的沉降影响，最好采用竖直安装，并使液体自下端向上端流动。

6.3.2　气体质量流量检定方法

在气体质量流量计的测量过程中，选择检定介质是一个关键考虑因素。尽管气体种类繁多，但通常情况下，使用空气或氮气作为检定介质是一种普遍的做法。这一选择背后蕴含着一系列合理的因素，其中安全性、可靠性，以及操作上的方便和经济性是主要的考虑因素。

首先，空气和氮气是相对安全的气体，它们在大多数实验室和工业环境中都可以方便地获取。这降低了检定过程中的潜在风险，因为这些气体在常规条件下不具有易燃性或毒性，有助于确保实验室操作的安全性。

其次，空气和氮气的物理性质相对稳定，这使得它们在流量计检定过程中更为可靠。相对于其他气体，这两种气体的物性参数变化较小，有助于减小由于气体性质变化引起的测量误差。

方便性和经济性也是选择空气或氮气作为检定介质的重要因素。这两种气体在市场上广泛可用，且成本相对较低，使得它们更为实际可行。同时，使用这些常见气体无需专门的处理或储存条件，简化了实验室操作的流程，提高了实验效率。

综合考虑这些因素，选择空气或氮气作为气体质量流量计的检定介质是一种合理而可行的做法，它在确保测量准确性的同时，最大限度地降低了实验操作的复杂性和风险。

6.3.2.1　皂膜式气体流量标准装置

皂膜式气体流量标准装置是气体微小流量标准装置，图6.3为皂膜式气体流量标准装置示意图。

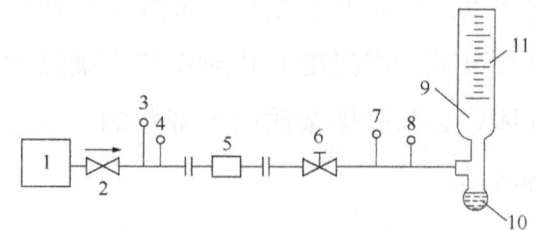

图 6.3　皂膜式气体流量标准装置典型结构示意图

1—气源；2—截止阀；3,7—测压计；4,8—测温计；
5—被检流量计；6—流量调节阀；9—皂膜管；10—皂液胶球；11—计量标尺

皂膜装置的基本结构可分为两部分，一是皂膜流量计，二是管路系统。管路系统包括气源、截止阀、流量调节阀、压力计和温度计等。皂膜流量计的主体为皂膜管，其下端与管路系统连接，最下端接胶球，胶球内装有皂膜液，皂膜管有上、下刻度线。

皂膜式气体流量标准装置的基本工作原理如下：由稳定气源流出的气体，经过截止阀2、被检流量计5、流量调节阀6、皂膜管9流入大气。流量调节阀的作用是把气流调到需要的流量。挤压胶球，使其中的皂膜液上升到皂膜管的气路进口，堵塞气路。气流吹动皂膜液，形成皂膜。皂膜的周边附着在皂膜管的内壁，完全隔断皂膜管内气路，依靠进气压力推动皂膜沿皂膜管匀速上升。当皂膜升到皂膜管下刻度线时，启动计时器和被检表的脉冲计数器计数（或启动流量计开始计量累积流量）。皂膜继续上升，当皂膜上升到皂膜管上刻度线，停止计时和计数。一次测量完毕，由测得的时间和皂膜管上、下两刻度线间的容积，便可以计算出流过皂膜管的气体体积流量，再根据检定时气体的状态参数和在标准状态下的密度可进一步计算出气体的质量流量，并与被检表测得的质量流量进行比较。

6.3.2.2　钟罩式气体流量标准装置

与皂膜式标准装置相比，钟罩式气体流量标准装置可以测量较大的流量。钟罩式气体流量标准装置分排气式和进气式两种。图6.4为钟罩式气体流量标准装置（排气式）示意图。

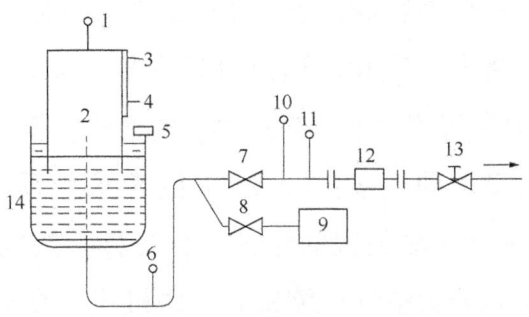

图 6.4 钟罩式气体流量标准装置(排气式)示意图

1,11—测温计；2—钟罩；3—上挡板；4—下挡板；5—光电发讯器；6,10—测压计；
7,8—截止阀；9—有压气源；12—被检流量计；13—流量调节阀；14—液槽

这种排气钟罩式气体流量标准装置主要由钟罩和管路系统组成。钟罩是一个倒置的容器，上部密封，下部开口，放入液槽中。液槽内盛有密封液体（一般为水），使钟罩对大气密闭。一根导气管，一头通到钟罩内部，中间穿过液槽底部和密封液体一头与试验管路相连。钟罩上装有标尺，标尺上装有上挡板和下挡板，在液槽上装有光电发讯器。光电发讯器与计时器、被检流量计的脉冲计数器相连，控制计时和计数。两个截止阀分别控制进气过程和检测过程，检测时的流量则由流量调节阀调节控制。其工作原理如下：打开阀门8，关闭阀门7，空气经过导气管进入钟罩，使钟罩上升。当下挡板高出光电发讯器一定高度时，关闭阀门8。然后停一段时间，待钟罩内空气温度、湿度稳定后，开始检定。检定时，打开阀门7和流量调节阀13，由于钟罩本身重力和补偿机构的补偿，使钟罩内的气体产生一个不变的表压力p（又称余压），于是钟罩内的空气通过导气管、被检流量计流向大气。调节流量调节阀13，使气流以一定的流量流动，钟罩匀速下降。当下挡板经过光电发讯器发出电信号，启动计时器和被检流量计的脉冲计数器计时计数；钟罩继续下降。当上挡板经过光电发讯器时，再次发出电信号，停止计时计数，一次检定过程完毕。

6.3.2.3 p.V.T.t 法气体流量标准装置

p.V.T.t 法气体流量标准装置是间接测量气体质量流量的一种标准装

置。用一个容积固定的标准容器，当气体以某个流量流进或流出该标准容器时，其中的气体质量将发生变化。通过测量在某一段时间 t 内标准容器（容积为 V）内的气体热力学温度 T 和绝对压力 p 的变化，就可以计算出气体流进（或流出）的质量流量。即由 p、V、T、t 值来求得质量流量，故称之为 p.V.T.t 法装置。p.V.T.t 法装置的形式各种各样，按气流方向分为进气式和排气式；按气源压力分为空气压缩机式、风机式和真空泵式；按换向方式分为三通阀式、换向阀式和开关阀式。这里只介绍其中一种典型装置——高压进气式 p.V.T.t 法气体流量标准装置，如图 6.5 所示。

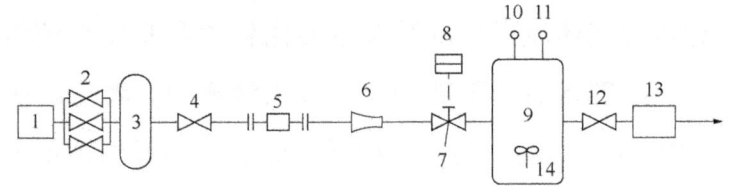

图 6.5 高压进气式 p.V.T.t 法气体流量标准装置示意图

1—干净、干燥有压空气源；2—控制阀；3—过滤容器；4—开关阀；
5—被检流量计；6—临界流喷嘴；7—换向器；8—光电发讯器；9—标准容器；
10—测温计；11—测压计；12—真空阀；13—真空泵；14—风机

具体检定步骤如下：

（1）按图 6.5 连接好 p.V.T.t 法检定装置；

（2）把换向阀置于空气流流向大气方向；

（3）压缩机工作时调节好控制阀 2，打开球阀 4，使空气流通过被检表流向大气，运行 5~10min；

（4）打开真空阀 12 并启动真空泵 13，把标准容器内空气抽出，然后关闭真空阀和真空泵，待温度稳定后测量标准容器内的压力 p_e 和温度 T_e；

（5）计时器、计数器复零；

（6）启动换向阀，使空气流进标准容器，同时也启动计时器、计数器工作；

（7）当向标准容器内流入适当空气量，或经过适当时间后再启动换向阀，使空气流流向大气，并停止计时、计数；

（8）开动标准容器内风机 14，使标准容器内的空气温度稳定下来且温度均匀，然后关闭风机；

（9）记录下测量时间 t、脉冲计数值 N，并测量标准容器内空气温度 T_f 和压力 p_f。

由此可推出：

$$m_s = V_s \frac{\rho_N T_N Z_N}{p_N} \left(\frac{p_f}{T_f Z_f} - \frac{p_e}{T_e Z_e} \right) \tag{6.11}$$

气体实际平均质量流量 $q_m = \dfrac{m_s}{t}$。

6.3.2.4 标准表法

如前所述，此法是以标准流量计为标准与被检流量计进行直接比较。

在进行标准表法检定时，除了选用与被检表同类型，同规格的表或临界流量计作为标准外，还需要一些额外的考虑和步骤，以确保检定的准确性和可靠性。首先，可以进一步强调选择标准流量计时的合理性，尤其是在同类型，同规格的情况下，可以更详细地说明为何这样选择对于比较和校准流量计更为有效。

在进行标准流量计法检定时，需要确保标准流量计的准确度优于被检流量计基本误差限的三分之一。这一要求对于保证检定的可信度至关重要，因为标准表的精度直接影响到最终校准结果的准确性。可以进一步探讨如何验证标准流量计的准确度，例如通过周期性的校准和验证程序，以确保其始终在可接受的误差范围内。

此外，要特别强调标准表的稳定性，因为在检定过程中，任何标准表的不稳定性都可能导致校准结果的误差。可以提及一些常见的稳定性维护方法，如定期维护和校准，以及环境条件的控制，以确保标准流量计在各种工作条件下都能保持稳定。

防止标准表与被检表之间的相互干扰也是至关重要的。这可能涉及实验室环境的设计和操作规程，以最小化外部因素对测量结果的影响。同时，可以考虑在标准表法检定中引入一些校正因子或校准曲线，以更精确地纠正任何潜在的相互干扰。

6.3.3 科氏质量流量计的检定

在对科氏力式质量流量计进行检定时，首先要对流量计外观进行目测检查，主要检查流量计标志是否清晰，铭牌上基本技术指标是否明确，流量计组成是否齐全等。流量计应附有说明书并给出基本误差、零点不稳定度、耐压强度、流量范围、公称通径等，对周期检定的流量计，还应附有前一次检定的证书。科氏力式质量流计质量流量的测量准确度有各种表达方式，当用流量百分比（E_0）加零点不稳定度（q_0）方式表示时，各点的基本误差可按式（6.12）计算：

$$E_i = \pm (|E_0| + \frac{q_0}{q_i} \times 100\%) \tag{6.12}$$

式中　E_i——第 i 流量点允许的基本误差限；

　　　q_i——第 i 流量点的质量流量。

科氏力式质量流量计的检定校准与任何其他流量计的检定校准相类似，即从被检流量计的输出与具有适当准确度的基准相比较。

为检定科氏力式质量流量计的质量流量，可以采用 6.2 节中叙述的三种校准方法，即质量法、静容加密度计法和标准体积管加密度计法。在这些方法中，用静态称量（质）法校准科氏力式质量流量计是最理想的方式。当用其他方式进行标定前，必须仔细地分析和修正在标准体积量转换为质量时所有引起误差的因素，当采用后两种校准方法时，介质密度的测量必须足够准确。

科氏力式质量流量计的密度检定，可在专门的密度检定装置上进行，该装置采用与标准密度计直接比较的方法进行检定。用于检定的介质可选用空气、水、柴油、酒精、亚硝酸钠溶液等各种介质。

对科氏力式质量流量计质量流量的检定，应按国家检定规程进行。在做这种检定时，科氏力式质量流量计的流量可通过模拟信号或频率信号输出，为了保证流量检定的准确度,常采用频率信号。通过对流量变送器的组态分析,使流量和频率信号相对应,利用其对应关系可以计算出被检质量流量计的脉冲当量 K,即单位脉冲对应的流体质量。将科氏力式质量流量计发生的脉冲数 N 和脉冲当量相乘即获得流量计的计量质量,然后便可求出流量计在该检定点本次检定的测量误差。若测量误差值在该检定点允许误差范围内,则可以判断该流量检定点示值误差合格。如所有检定点均合格,即所有检定点示值误差均在允许误差之内,则可以判定该质量流量计质量测量准确度合格。

国家检定规程规定,科氏力式质量流量计的重复性应不超过该流量计允许基本误差限的二分之一。

如果流量计的测量误差出现超差现象,而各检定点的重复性合格,则可对流量计进行调校。调校是通过调整流量系数来进行的。流量系数是校准流量计的主要参数之一。调整流量系数可将流量计的测量误差曲线上下平移,使流量计的测量误差纳入允许误差带内,从而使流量计的测量准确度合格。

流量系数的调整,可按式(6.13)进行:

$$新流量系数 = 原流量系数 \times \frac{标准质量}{流量计计量质量} \tag{6.13}$$

流量系数的调整,也可根据对流计的实际误差曲线分析确定。

6.4 测量不确定度估算

6.4.1 测量误差与数据处理

(1) 测量误差的定义与表示。

测量误差定义为测量结果减去被测量的真值,实际工作中测量误差又简称误差。测量误差包括系统误差和随机误差两类不同性质的误差。

① 系统误差。

系统误差是指在重复性条件下,对同一被测量进行无穷多次测量所得结果的平均值与被测量真值之差。它是在重复测量中保持恒定不变或按可预见的方式变化的测量误差的分量。

② 随机误差。

随机误差是指测量结果与在重复性条件下对同一被测量进行无穷多次测量所得结果的平均值之差。它是在重复测量中按不可预见的方式变化的测量误差的分量。

(2) 测量误差的修正。

当已知测量误差时可以对测量结果进行修正。修正值是指用代数法与未修正测量结果相加,以补偿其系统误差的值。修正值等于负的系统误差估计值,即与估计的系统误差大小相等、符号相反。由于系统误差的估计值是有不确定度的,因此修正不可能消除系统误差,只能在一定程度上减小系统误差。已修正的测量结果即使具有较大的不确定度,但可能已十分接近被测量的真值(即误差很小)。因此,不应把测量不确定度与已修正测量结果的误差相混淆。如果系统误差的估计值很小,而修正引入的不确定度很大,就不值得修正。此时往往将影响量对测量结果的系统性影响按 B 类评定方法评定其标准不确定度分量。修正除了用修正值外,还可以采用其他方式,如为补偿系统误差,可以在未修正测量结果上乘一个因子,该因子称修正因子,也可以用修正曲线或修正值表。

6.4.2 测量不确定度

(1) 测量不确定度的相关概念与作用。

测量不确定度是评估测量结果的不确定性的关键概念。它不仅仅是一个数值，更是一个反映测量过程中不确定性程度的重要指标。在测量领域，需要认识到不同因素对测量结果产生的影响，而测量不确定度提供了一种量化这种影响的方式。

首先，测量不确定度并不仅仅涉及实验中的随机误差，它还包括了系统误差、仪器精度、环境条件等多个因素。这种综合性的考虑使得测量不确定度更为全面和准确，能够更好地反映测量结果的真实性。

测量不确定度的定义强调了其与被测量值的关系，即它表征了合理赋予被测量值的分散性。这意味着不能仅仅关注单一数值，而必须考虑测量结果的分布范围。这一特性在实际应用中具有重要作用，尤其是在决策制定、产品质量控制等方面。

此外，测量不确定度的量化有助于在科学研究和工程应用中更好地理解和解释实验结果。它提供了一个可比较、可传递的标准，使得不同实验室、不同测量条件下的结果可以进行比较和合并。这对于确保数据的可靠性和可重复性至关重要。

在实际操作中，测量不确定度还可以用于决策制定、合规性评估，以及质量管理等方面。例如，在生产过程中，了解测量不确定度有助于确定产品是否符合规格要求，从而指导制定合适的质量控制策略。

测量不确定度不仅仅是一个数学上的概念，更是一个在科学和工程领域中具有实际应用的关键要素。通过深入理解和有效应用测量不确定度，能够更全面、准确地把握测量结果的可靠性，为决策和实验设计提供有力支持。

① 测量不确定度的出发点是用来描述测量结果的。

测量不确定度是一个说明给出的测量结果的不可确定程度和可信程度的参数。例如，当得到测量结果为：$m=500\text{g}$，$U=1\text{g}(k=2)$，就知道被测对象的质量为$(500\pm1)\text{g}$，测量结果不可确定的区间是$499\sim501\text{g}$；在该区间内的置信水平（即可信程度）约为95%。这样的测量结果比仅给500g给出了更多的可信度信息。

② 测量不确定度是说明测量值分散性的参数。

测量不确定度不说明测量结果是否接近真值，而是说明测量值分散性。由于测量的不完善和人们的认识不足，测量值是具有分散性的。这种分散性有两种情况。

a. 由于各种随机性因素的影响，每次测量得到的值不是同一个值，而是以一定概率分布分散在某个区间内的许多值；

b. 虽然有时实际上存在着一个恒定不变的系统性影响，但由于不知道其值，也只能根据现有的认识，认为它以某种概率分布存在于某个区间内，可能存在于区域内的任意位置，这种概率分布也具有分散性。

③ 为了表征测量值的分散性，测量不确定度用标准偏差表示。

因为在概率论中标准偏差是表征随机变量或概率分布分散性的特征参数，当然，为了定量描述，实际上用标准偏差的估计值来表示测量不确定度，所以称为标准不确定度。在实际使用中，往往希望知道包含测量结果的区间，因此测量不确定度也可用标准偏差的倍数或说明了置信水平（包含概率）的区间半宽度表示。测量不确定度表示为区间半宽度时称为扩展不确定度。

④ 不同场合下测量不确定度术语的表述不同。

a. 不带形容词的测量不确定度用于一般概念和定性描述；

b. 带形容词的测量不确定度，如标准不确定度、合成标准不确定度和扩展不确定度用于在不同场合对测量结果的定量描述。

⑤ 标准不确定度有两类评定方法。

一般，测量不确定度是由多个分量组成的，用标准偏差表示的不确定度分量的评定方法分为两类。

a. 不确定度的 A 类评定是指用对观测列进行统计分析的方法来评定标准不确定度。也就是根据一系列测量数据的统计分布估算标准偏差估计值的评定方法，称为测量不确定度的 A 类评定方法，用 A 类评定得到的标准不确定度分量用实验标准偏差表征，符号为u_A。

b. 不确定度的 B 类评定是指用不同于对观测列进行统计分析的方法来评定标准不确定度。也就是用基于经验或有关信息假设的概率分布来估计标准偏差的评定方法，称为测量不确定度的 B 类评定方法，用 B 类评定得到的标准不确定度分量，也用估计的标准偏差表征，符号为u_B。

⑥ 不确定度不按系统或随机的性质分类。

因为系统性和随机性在不同的情况下是可以转换的，例如某标准电阻的阻值的不确定度在批量生产时具有随机性，而到用户手里就又是系统性的了，所以不确定度不按性质分类。在需要说明不确定度分量的性质时，可表述为由随机效应导致的测量不确定度或由系统效应导致的测量不确定度。

⑦ 标准不确定度、合成标准不确定度、扩展不确定度的区别。

a. 标准不确定度是指以标准偏差表示的测量不确定度。它不是由测量标准引起的不确定度，而是指不确定度由标准偏差的估计值表示，表征测量值的分散性。标准不确定度用符号 u 表示。标准不确定度分量是指测量结果的不确定度往往由许多来源引起，对每个不确定度来源评定的标准偏差，称为标准不确定度分量，用u_i表示。

b. 合成标准不确定度是指当测量结果由若干其他量的值求得时，按其他各量的方差或（和）协方差算得的标准不确定度。通俗地说，合成标准不确定度是由各标准不确定度分量合成得到的标准不确定度。合成的方法称为测量不确定度传播律。合成标准不确定度用符号u_c表示。

合成标准不确定度仍然是标准偏差，它是测量结果标准偏差的估计值，它表征了测量结果的分散性。合成标准不确定度的自由度称为有效自由度，用v_{eff}表示，它表明所评定的u_c的可靠程度。合成标准不确定度也可用$u_c(y)/y$相对形式表示，必要时可以用符号u_r或u_{rel}表示。

c. 扩展不确定度是指确定测量结果的区间的量，合理赋予被测量之值的分布的大部分可望含于此区间。扩展不确定度是由合成标准不确定度的倍数得到，即将合成标准不确定度u_c扩展了k倍得到，用符号U表示，$U=ku_c$。扩展不确定度确定了测量结果可能值所在的区间。测量结果可以表示为：$Y=y±U$。式中，y是被测量的最佳估计值。被测量的值Y以一定的概率落在$(y-U, y+U)$区间内，该区间称为统计包含区间。所以扩展不确定度是测量结果的统计包含区间的半宽度。

测量结果的取值区间在被测量值概率分布总面积中所包含的百分数称为该区间的包含概率或置信水平，用p表示。扩展不确定度也可以用相对形式表示，例如：用$U_r(y)/y$表示相对扩展不确定度，也可用符号$U_r(y)$、U_r，或U_{rel}表示。

说明具有规定的包含概率(置信水平)为p的扩展不确定度时，可以用U_p表示。例如U_{95}表明由扩展不确定度决定的测量结果取值区间具有置信水平为0.95，或U_{95}是包含概率为95%的统计包含区间的半宽度。

由于U是表示统计包含区间的半宽度，而u_c是用标准偏差表示的，所以它们均是非负参数，即U和u_c单独定量表示时，数值前都不必加正负号，如$U=0.05V$，不应写成$U=±0.05V$。

为求得扩展不确定度，对合成标准不确定度所乘的数字因子称包含因子。包含因子用符号k表示时，$U=ku_c$，一般k取2或3。当用于表示置信水平为p的包含因子时，包含因子用符号k_p表示，$U=k_p u_c$。k的取值决定了扩展不确定度的置信水平。若u呈近似正态分布，且其有效自由度较大，则$U=2u_c$时，测量结果Y在$(y-2u_c, y+2u_c)$区间内置信水平p约为95%；$U=3u_c$时，测量结果Y在$(y-3u_c, y+3u_c)$区间内置信水平p约为99%。

置信水平又称包含概率，是与统计包含区间有关的概率值。置信水平表明测量结果的取值区间包含了概率分布下总面积的百分数，表明了测量结果的可信程度。置信水平(或包含概率)可以用0~1之间的数表示，也可以用百分数表示。例如置信水平为0.99或99%。

(2) 测量不确定度与误差的主要区别。

测量误差表明了测量结果偏离真值的多少。测量误差按性质可分为随机误差和系统误差两类,都是理想的概念。由于真值未知,现在测量误差一般已不再用于定量描述测量结果的准确程度,由参考值代替真值时,可得到测量误差的估计值,它是一个有正号或负号的量值,其值为测量结果与被测量的参考值之差,大于参考值时为正,小于参考值时为负。由于测量不可能理想完善,所以测量结果中始终存在测量误差,误差是客观存在的,不以人的认识程度而改变,当已知系统误差的估计值时,可以对测量结果进行修正。

测量不确定度是表明测量值的分散性的参数。它是一个无符号的参数,用标准偏差或标准偏差的倍数表示该参数的值。测量不确定度与人们对被测量和影响量及测量过程的认识有关。测量不确定度可以由人们根据实验、资料或经验等信息评定,得到定量的测量不确定度的值。测量不确定度分量评定时不必区分其性质。不存在随机与系统两类不确定度的区分。测量不确定度与真值无关,不说明测量结果偏离真值的多少,不能用于对测量结果进行修正,它仅给出了测量结果可信程度的信息。

测量误差与测量不确定度虽然都涉及评估测量结果的准确性,但在定义、性质和应用方面存在着明显的区别。测量误差关注测量结果与真实值的偏离程度,而测量不确定度则关注测量结果的可信度和分散程度,两者在概念、评定方式和应用上存在显著差异。

6.4.3 测量结果的处理和报告

(1) 最终报告时测量不确定度的有效位数及其数字修约规则。

① 测量不确定度的有效位数。

用近似值表示一个量的数值时,通常规定"近似值修约误差限的绝对值不超过末位的单位量值的一半"，则该数值从其第一个不是零的数字起到最末一位数的全部数字就称为有效数字。

例如：3.1415 意味着修约误差限为±0.00005；$3×10^{-6}$Hz 意味着修约误差限为±$0.5×10^{-6}$Hz。

值得注意的是，数字左边的 0 不是有效数字，数字中间和右边的 0 是有效数字。如 3.8600 为五位有效数字，0.0038 是两位有效数字，1002 为四位有效数字。

对某一个数字，根据保留数位的要求，将多余位数的数字按照一定规则进行取舍，这个过程称为数据修约。准确表达测量结果及其测量不确定度必须对有关数据进行修约。在报告测量结果时，不确定度 U 或 $u_c(y)$ 都只能是 1~2 位有效数字。也就是说，报告的测量不确定度最多为 2 位有效数字。

在不确定度计算过程中可以适当多保留几位数字，以避免中间运算过程的修约误差影响到最后报告的不确定度。

最终报告时，测量不确定度有效位数究竟取一位还是两位，主要取决于修约误差限的绝对值占测量不确定度的比例大小。经修约后近似值的误差限称修约误差限，有时简称修约误差。

例如：U=0.1mm，则修约误差为±0.05mm，修约误差的绝对值占不确定度的比例为 50%，而取两位有效数字 U=0.13mm，则修约误差限为±0.005mm，修约误差的绝对值占不确定度的比例为 3.8%。

因此，建议当第 1 位有效数字是 1 或 2 时，应保留 2 位有效数字。除此之外对测量要求不高的情况可以保留 1 位有效数字，测量要求较高时，一般取 2 位有效数字。

② 数字修约规则。

a. 通用的数字修约规则。

通用的修约规则为以保留数字的末位为单位，末位后的数字大于 5 者末位进一；末位后的数字小于5者末位不变(即舍弃末位后的数字)；末位后的数字恰为5者，使末位为偶数(即当末位为奇数时，末位进一，当末位为偶数时，末位不变)。

可以简洁地记成："四舍六入，逢五取偶"。报告测量不确定度时按通用规则数字修约举例：

$u_c = 0.568$mV，应写成$u_c = 0.57$mV 或 $u_c = 0.6$mV；

$u_c = 0.561$mV，应写成$u_c = 0.56$mV；

$U = 10.5$nm，应写成 $U = 10$nm。

修约时不可连续修约，例如：要将7.691499修约到四位有效数字，应一次修约为7.691。若采取 7.691499→7.6915→7.692 是不对的。

b. 不确定度的末位后的数字全都进位而不是舍去。

例如：$u_c = 10.27$mΩ，报告时取两位有效数字，为保险起见可取$u_c = 11$mΩ。

(2) 报告测量结果的最佳估计值的有效位数的确定。

测量结果(即被测量的最佳估计值)的末位一般应修约到与其测量不确定度的末位对齐。即同样单位情况下，如果有小数点，则小数点后的位数一样；如果是整数，则末位一致。

(3) 测量结果的表示和报告。

① 完整的测量结果的报告内容。

完整的测量结果应包含：

a. 被测量的最佳估计值，通常是多次测量的算术平均值或由函数式计算得到的输出量的估计值；

b. 测量不确定度，说明该测量结果的分散性或测量结果所在地具有一定概率的统计包含区间。

例如：测量结果表示为 $Y = y \pm U(k = 2)$。其中Y是被测量的测量结果，y是被测量的最佳估计值，U是测量结果的扩展不确定度，k是包含因子，$k =$

2 说明测量结果在 U 区间内的概率约为 95%。

在报告测量结果的测量不确定度时，应对测量不确定度有充分详细的说明，以便人们可以正确利用该测量结果，不确定度的优点是具有可传播性，就是如果第二次测量中使用了第一次测量的测量结果，那么，第一次测量的不确定度可以作为第二次测量的一个不确定度分量，因此给出不确定度时，要求具有充分的信息，以便下一次测量能够评定出其标准不确定度分量。

② 用扩展不确定度报告测量结果。

a. 扩展不确定度的使用。

除有规定和有关各方约定采用合成标准不确定度外，通常测量结果的不确定度都用扩展不确定度表示，尤其是表示工业、商业及涉及健康和安全方面的数量时。因为扩展不确定度可以表明测量结果所在的一个区间，以及用概率表示在此区间内的可信程度，它比较符合人们的习惯用法。

b. 带有扩展不确定度的测量结果报告的表示。

要给出被测量 Y 的估计值 y 及其扩展不确定度 $U(y)$ 或叫 $U_p(y)$。

对于 U 要给出包含因子 k 值。对于 U_p 要在下标中给出置信水平 p 值。例如 $p=0.95$ 时的扩展不确定度可以表示为 U_{95}。必要时还要说明有效自由度 v_{eff}，即给出获得扩展不确定度的合成标准不确定度的有效自由度，以便由 p 和 v_{eff} 查表得到 t 值，即 k_p 值；另一些情况下可以直接说明 k_p 值。需要时可给出相对扩展不确定度 $U_{\text{rel}}(y)$。

③ 测量结果及其扩展不确定度的报告形式。

扩展不确定度的报告有 U 和 U_p 两种。

a. $U=k\ U_c(y)$ 的报告。

例如标准砝码的质量为 m_s，测量结果为 100.02147g，合成标准不确定 $u_c(m_s)$ 为 0.35mg，取包含因子 $k=2$，$U=kU_c(y)=2\times0.35\text{mg}=0.70\text{mg}$。

一般，U 可用以下两种形式之一报告：

$m_s=100.02147\text{g}$；$U=0.70\text{mg}$，$k=2$。

$m_s =$ (100.02147±0.00070) g； $k = 2$。

b. $U = k_p u_c(y)$ 的报告。

例如标准砝码的质量为 m_s，测量结果为 100.02147g，合成标准不确定度 $u_c(m_s)$ 为 0.35mg，$v_{eff} = 9$，按 $p = 95\%$，查 t 分布值表得 $k_p = t_{95}(9) = 2.26$，$U_{95} = 2.26 \times 0.35$mg $= 0.79$mg。则 U_p 可用以下四种形式之一报告：

$m_s = 100.02147$g；$U_{95} = 0.79$mg；$v_{eff} = 9$。

$m_s =$ (100.02147±0.00079) g；$v_{eff} = 9$，括号内第二项为 U_{95} 的值。

$m_s = 100.02147(79)$g；$v_{eff} = 9$，括号内为 U_{95} 的值，其末位与前面结果末位数对齐。

$m_s = 100.02147(0.00079)$g；$v_{eff} = 9$，括号内为 U_{95} 的值，与前面结果有相同的计算单位。

另外，给出扩展不确定度 U_p 时，为了明确起见，推荐以下说明方式，例如：$m_s =$ (100.02147±0.00079) g。式中，正负号后的值为扩展不确定度 $U_{95} = k_{95} u_c$，而合成标准不确定 $u_c(m_s) = 0.35$mg，自由度 $v_{eff} = 9$，包含因子 $k_{95} = t_{95}(9) = 2.26$，从而具有约为 95% 概率的包含区间。

④ 相对不确定度的表示。

a. 相对扩展不确定度：$U_{rel} = U/y$。

b. 相对不确定度的报告形式举例。

$m_s = 100.02147$g；$U_{rel} = 0.70 \times 10^{-6}$，$k = 2$。

$m_s = 100.02147$g；$U_{95rel} = 0.79 \times 10^{-6}$。

$m_s = 100.02147(1 \pm 0.79 \times 10^{-6})$g；$p = 95\%$，$v_{eff} = 9$，括号内第二项为相对扩展不确定度 U_{95rel}。

参 考 文 献

［1］黄耀文．一级注册计量师基础知识及专业实务［M］．北京：中国标准出版社，2022．

［2］肖素琴，韩厚义．质量流量计［M］．北京：中国石化出版社，1999．

［3］潘丕武，张明．天然气计量技术基础［M］．北京：石油工业出版社，2013．

［4］闫文灿，李振林，徐明．高压天然气计量检定站工艺设备技术与操作维护［M］．北京：中国石化出版社，2019．

［5］刘慧．天然气计量及标定系统的应用［J］．石油与天然气化工，2009，38（6）：3．

［6］JJG 1038—2008 科里奥利质量流量计检定规程［S］．

［7］JJF 1708—2018 标准表法科里奥利质量流量计在线校准规范［S］．

［8］JJF 1591—2016 科里奥利质量流量计型式评价大纲［S］．

［9］GB/T 31130—2014 科里奥利质量流量计［S］．

［10］SY/T 6659—2006 用科里奥利质量流量计测量天然气流量［S］．